四季花城

岭南春季花木

朱根发　徐晔春　操君喜　编著

U0246084

中国农业出版社

目　录

绪 论

园林花卉业既是美丽的公益事业，又是新兴的绿色朝阳产业。发展园林花卉业对调整产业结构，扩大社会就业，提升城乡收入，绿化美化环境，建设美好家园，提高人民生活质量有重要意义。随着我国农村城镇化的不断发展，以花卉为主题的观光休闲农业园在全国逐渐兴起，如玫瑰园、桃花园、梅花园、樱花园、紫荆园、荷花园、香草园、葵花园等，受到广大市民的欢迎，成为节假日休闲的好去处，对延长园林花卉产业链、促进园林花卉消费、推进生态文明建设具有重要作用。因此，发达的园林花卉业既是物质文明的重要体现，也是精神文明、生态文明的重要标志。

流溪河2号绿道

广东是我国改革开放的前沿，已成为中国经济最发达的地区之一。截至2012年底，珠江三角洲共建成绿道7 350 km，包括2 372 km省绿道和4 978 km市县绿道，沿线建成200个绿道"公共目的地"，形成了省级城市绿道网络，打造了"特色旅游、体育健身、科普教育、文化服务"四大绿道品牌；并建成2 568 km的生态景观林。"珠三角绿道网建设"这一民生工程获"2011年度中国人居环境范例奖"、联合国人居署"2012年迪拜国际改善居住环境最佳范例奖"全球百佳范例称号。

然而，随着生活水平的不断提升，人们对生态环境改善提出了更高的要求，不再满足于简单的绿化美化，还需要大量的花化，形成花城、绿城、水城的完美结合，塑造更好的城乡生态环境与自然景观，实现"幸福像花儿一样"的梦想。

1. 岭南花木史述

岭南是指五岭之南。五岭包括越城岭、都庞岭、萌渚岭、骑田岭、大庾岭五座山，大体包括广东、广西、海南全境，以及江西和湖南的部分地区，是长江和珠江两大流域的分水岭。

岭南园林花卉源远流长。据《上林赋》《三辅黄图》《西京杂记》等古籍记载，汉武帝元鼎六年（前111）破南越，从岭南长途运回大量奇花珍果栽种于京都上林苑扶荔宫，其中有指甲花、桂、菖蒲、留求子（使君子）等花木。公元2世纪初，东汉时南海郡番禺人杨孚所著《异物志》，是我国第一部记录动植物的著

大庾岭梅关古道

作，在岭南文化史上占有重要地位，记述了岭南的水产、植物、动物及矿物，包括木棉、桂、榕、木蜜（沉香）等约40种。尽管相关的其他典籍著作流传不多，但由此可见，岭南花木其时已获重视。

西晋时期的文学家及植物学家嵇含所著《南方草木状》（成书于304年），是我国最早的一部植物专著。后人所写植物、花谱等相关文献对其多有引用。其上卷收载耶悉茗（即素馨）、末利（香愈耶悉茗）、豆蔻花、山姜花、蒲葵、吉利草等草类29种，中卷收载榕、益智子、桂、朱槿、指甲花、沉香、桃榔、刺桐、荆（金荆、紫荆、白荆）、紫藤等木类28种，下卷收载果类17种及竹类6种，共计80种。其中明确记载是由异国地域移植引入的有35种。东晋至刘宋间（420—479）曾居岭表的徐衷，也著有《南方草物状》，记录岭南植物50多种，不少注明原产于国外。唐代段公路著《北户录》，记有南粤植物约70种，有睡莲、相思子、鹤子草、红梅、指甲花等花木，指出指甲花、白茉莉花是梁大同二年（563）引入。唐代刘恂著有《岭表录异》，记载了以广东为主的岭南地区的草、木、鱼、虫、鸟、兽及风土人情等，记录了山姜花、鹤子草、野葛（俗称胡蔓草）、楒簩竹、罗浮竹、沙摩竹、刺竹、倒捻子、榕、枫、桃榔、抱木、朱槿花、胡桐、沙著等植物27种。

《南方草木状》

刺桐

宋代以后记载的岭南花木更为丰富。宋代余靖（1000—1064）的《武溪集》载广州西园诗曰："石有群星象，花多外国名。"说明当时的岭南已重视国外园林植物的引入。宋代周去非《岭外代答》（成书于1178年），记载了岭南植物100多种，有红蕉花、素馨、茉莉、史君子、石榴、添色芙蓉、泡花、曼陀罗花、胆瓶蕉、频婆等花木，竹类有斑竹、涩竹、篃竹、笠竹、人面竹、钓丝竹、箭竹等。元代陈大震和吕桂孙著《南海志》（成书于1304年）所记植物多达313种，在卷七《物产》中，记述花卉93种、木类53种、竹类18种；且对素馨花、茉莉花、珊瑚花、泡花、史君花、佛桑花、朱模花、蝴蝶花、白鹤花、刺桐花、含笑花都有较详记述。被誉为"广东徐霞客"的明末清初著名学者屈大均（1630—1696）著有《广东新语》，记录了广东的天文地理、经济风物、人物风俗，集各史志之所长，记述详实，内容丰富，具有极高的史料价值和学术价值，成为传世之作，后人对其评价极高。他在卷二十五《木語》中详细记载了数十种岭南地区常见种植的花木及果品，如松、梅、桂、枫、木棉、榕、菩提（梁时智药三藏自西竺持来植之）、牡丹、夹竹桃、茉莉、杜鹃、丁香、九里香等；卷二十七《草语》中又记录了竹、兰、菊、素馨、秋海棠、凤仙花、水仙等数十种花卉和食用植物，尤其对兰的描述甚详，种类多达22种。清代檀萃（1725—1801）著《楚庭稗珠录》（卷六）记载粤产草木类133种，并言"此种植之产，略录十之一二，以广异闻"，其中包括木棉、榕、树、茉莉、留求子、桃金娘、仙人掌（广人多植之堂侧）、慎火（霸王鞭）等，对兰的描述也较为详细。

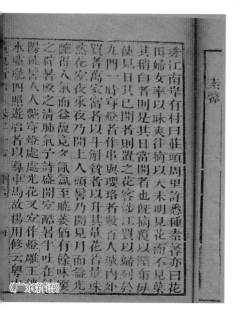

《广东新语》

木棉

新中国成立后，对于岭南植物的编类著述更加科学与详尽。1956年科学出版社出版的侯宽昭编著的《广州植物志》，是中国最早出版的地区性植物志，记载了广州市内和市郊的蕨类植物和种子植物198科871属1 571种，其中约有250种是从国外引种的。《广东植物志》1927年开始酝酿，从1987年首卷问世，到2011年底出齐十卷，历经24年，收载广东及海南野生和习见栽培的维管束植物5 873种。

2. 岭南花卉探源

从上述文献可以看出，岭南人种花、养花、用花有着悠久的历史传统，最早可以追溯到汉代，距今已有2 000多年，可谓源远流长。岭南花木的历史，起源于汉晋，兴于唐宋，盛于明清。岭南花木文化，在不断地吸收了中原和外来花木及其文化的基础上，兼容并蓄，不断丰富和发展，自成一体。也证实了岭南文化以农业文化和海洋文化为源头，在其发展过程中不断吸取和融汇中原文化和西方文化，逐渐形成自身独有的特点——务实、开放、兼容、创新。

这在素馨和茉莉这两种岭南园林花卉史上有重要地位的花木上可见一斑。《南方

3

草木状》记载："耶悉茗、末利花，胡人自西国移植于南海，芳香。末利，香愈耶悉茗。"后人的著作多认为是西汉政治家、文学家、思想家陆贾（前240—前170）引自西域，其《南越行记》曰："南越之境，五谷无味，百花不香，此二花特芳香，缘自胡国移至，不随水土而变，与夫橘北为枳异矣。"或许是因为当时南越"百花不香"，而素馨和茉莉的芳香独特，且"唯花洁白，南人极重之，以白而香，故易其名"（宋代吴曾《能改斋漫录》）；或许是因为南汉王刘䶮的宠姬字素馨，多植素馨以媚之；或是广州人素有佩带花饰的习俗，而洁白芳芬的素馨又最能符合求仙拜佛的虔诚，于是得到了岭南人的重视和喜爱，种植越加广泛，并融入岭南的风俗文化，成为此后1 000多年来岭南重要的花木。《嘉庆一统志·广州府二》载："花田地名在广州西郊，俗称花地，平田弥望，皆种素馨花，相传南汉宫人多葬于此，亦名素馨斜，又名白田"；宋代《郑公窗诗注》有"广州城西九里曰花田，尽栽茉莉和素馨"；《广东新语》记载"珠江南岸，有村曰庄头，周里许，悉种素馨，亦曰花田""庄头人以种素馨为业""素馨本名那悉，亦名那悉茗"；明代《岭南名胜记》说广州芳村花地"平田弥望尽种素馨花"；清代《楚庭稗珠录》记有："珠江南岸，有村庄周里许，悉种此花，曰'花田'，种由陆贾引自西域，名那悉茗""广州河南之花田，则茉莉为盛"。茉莉花同样是白色，且幽香持久不散，所以也备受人们青睐，佩为花饰。说明明清时期，珠江南岸花木产业兴盛，多为素馨、茉莉花田，当时的花市其实是茉莉素馨花市，明代孙蕡诗称广州是"素馨茉莉天香国"。

素馨

茉莉

上述素馨和茉莉的种植历史证明，广州芳村的花地是岭南花卉产业的发祥地。当地居民世代以种花为业，代代相传。清代沈复（1763—1825）在《浮生六记》中对广州芳村花地的记载："对江（注：即珠江）名花地，花木甚繁，广州卖花处也。余自以为无花不识，至此仅识十之六七。"说明在清代中晚期，芳村花地的花卉不仅仅有素馨和茉莉，种类已非常丰富了。芳村也是岭南盆景发祥地，罗汉松、榆、九里香、柏、水松等"制为古树，枝干拳曲，作盘盂之玩，有寿数百年者"。

顺德陈村，在明清时期与广州、佛山、东莞的石龙镇合称"广东四大名镇"，也是岭南花卉生产的发祥地之一。乾隆《顺德县志·卷一·图志》云：陈村"宋有异花之献，置猴传送"。所谓"异花之献"，即向朝廷贡献奇异的花卉。咸丰《顺德县志卷二·图经》亦曰：陈村"自汉例献龙眼、荔支，宋贡异花，盖由来已古"。因此可认为，陈村至少在宋代就开始花卉生产了，明清以后，花卉产业更加兴旺，至乾隆年间，陈村更是"户以花为业，村将酒占名"。屈大均《广东新语·卷二·地语》：陈村人"担负诸种花木分贩，近者数十，远者二三百里他处欲种花木，及荔枝、龙眼、橄榄之属，率就陈村买秧，又必

九里香盆景

使其人手种博接，其树乃生且茂，其法甚秘。故广州场师，以陈村人为最"；其诗也描绘说，"渔舟曲折只穿花，溪上人多种树家"。

中山小榄，相传南宋咸淳年间，因朝廷屠杀南雄珠玑巷群众，部分逃难者于咸淳甲戌年（1274）来到小榄，时值秋季，但见遍地黄花，遂定居垦殖，广植菊花，每年秋季，集中菊之精品，进行赛菊、咏菊，并组成"菊社"。明代以后，逐步演变为"黄华会"，不定期举行菊展。明代礼部尚书李孙宸曾撰诗云"岁岁菊花看不尽，诗坛酌酒尝花村"。1813年，黄华会以祖辈自珠玑巷南来小榄定居乃甲戌之年，首倡全乡十姓于嘉庆甲戌年（1814）举行纪念活动，举办首届菊花大会，并定下每逢甲戌（60年一次）为小榄菊花大会之期。于同治甲戌年（1874）、民国甲戌年（1934）和1994年（甲戌）分别举办了第二、第三、第四届菊花大会。故小榄有"菊城"之美誉，并以制作独特的大立菊闻名于世，屡创纪录。1994年培育出一盆"白牡丹"大立菊王达到43圈5 677朵花，已入选《吉尼斯世界纪录》；2004年培育出最大的一棵单株立菊达45圈6 211朵花；制作出高23m的赏菊楼和单株嫁接247个品种的大立菊，也列入《吉尼斯世界纪录》。

大立菊

因此，广州芳村、顺德陈村、中山小榄，均有岭南"花乡"之美誉。明清时期，芳村以素馨闻名，小榄以菊花见长，陈村人尤善博接、艺花技术独步岭南。由于这三地的花卉生产历史渊源，改革开放以后，岭南花卉产业的兴起和发展也是由这3个地方开始，以珠三角为中心，带动了粤东、西、北花卉产业的发展，芳村的岭南花卉市场、广州花卉博览园、陈村花卉世界、兰花市场、年橘，小榄的菊花和绿化苗木，都在全国举足轻重、扬名世界。广东更是在全国掀起了引进国外花卉新品种的热潮，是

国内花卉品种引进大省，观叶植物、观赏凤梨、洋兰、棕榈科植物等花木新品种都是由广东在全国率先引进的。大量国外花卉品种的引进，极大地丰富了我国花卉种类，目前种植的花卉品种超过2 000个。但过度的追新求异，导致不少原本具有岭南特色的花卉种类素馨、茉莉、菊花、梅花等日渐萎缩，不复以往的风光。

岭南是我国十大名花中梅花、兰花、菊花、桂花、月季、杜鹃、荷花的发源地之一。清代陈淏子《花镜》言："梅本出于罗浮、庾岭，喜暖故也。"说明广东惠州罗浮山、江西广东交界处的大庾岭是著名的梅花产地。对于兰的描述，《广东新语》记载种类多达22种，包括桠兰、公孙逼、出

梅州潮塘古梅

架白、青兰、黄兰、草兰、风兰、鹿角兰、石兰、小玉兰、倒兰、报喜兰、催生兰、贺正兰、夜兰、翡翠兰、鹤顶兰、龙凤兰、朱兰、球兰、竹叶兰、文殊兰。清《楚庭稗珠录》也记有："兰，以桠兰为上，次则公孙逼，次出架，次青兰、黄兰、草兰，置之檐间，无水土自然茂盛，尤奇也。他如鹿角兰、石兰、小玉兰、倒兰、报喜兰、催生兰，是皆以空为根，以露为命，乃风兰之族。又有贺正兰、夜兰、翡翠兰、鹤顶兰、龙凤兰、朱兰、球兰、竹叶兰、文殊兰，其名不可胜数。大抵好事者增饰之。虽然其中不少种类不属于当今植物分类中兰科植物，但也可见岭南人对兰花的爱好。清末区金策著《岭海兰言》，其"园中手植幽兰数百盆"，并言"大良澹园，以艺兰著名，盆至盈千，种几满百"，可见其时艺兰之规模。清代梁修的《花棣百花诗》（成书于1885年）中关于兰花的诗有4首，其中有一首吟《洋兰》，言"近三四十年始入内地""香较烈，颇宜美人头，渐与茉莉、素馨争雄矣"，可能是现在所称的卡特兰。桂花，《南方草木状》木类中就有"桂出合浦"的记录。古代岭南多桂树，自汉代至魏晋南北朝时期，桂花已成为名贵花木与上等贡品，桂林的名称来源于"桂花成林"。我国桂花于1771年经广州、印度传入英国，并迅速发展，现今欧美许多国家以及东南亚各国均有栽培。

卡特兰

其他十大名花在岭南也较早得到种植和园林应用。牡丹，《广东新语》记载："广州牡丹，每岁河南花估持根而至，二三月大开，多粉红，亦有重叠楼子，惟花头戴

牡 丹

水 仙

小。花止一年，次年则不花，必以河南之土种之，乃得岁岁有花。"予诗："由来南海
上，未有雒阳花。"水仙，《广东新语》记载："水仙头，秋尽从吴门而至，以沙水种
之，辄作六出花。隔岁则不再花，必岁岁买之，牡丹亦然。"这说明牡丹、水仙在明
末清初就有催花后异地栽种。

　　岭南花市也有悠久的历史并独具特色。唐《北户录》载："耶悉洱花、白茉莉
花——今番禺士女多以彩缕贯花卖之。"南宋《岭外代答》载："开时旋掇花头，装
于他枝或以竹丝贯之，卖于市一枝二文，人竞买戴。"明清以后，广州花市更加兴盛。
《广东新语》载："东粤有四市"，即广州花市、东莞香市、罗浮药市、廉州珠市。四
市之中以花市为最著名，在城区内的东门、小北门、大北门、西门、归德门、大南
门、定海门都有常年的花市。此外，在花棣观音庙前有从不间断的更集中的大策花
市，当地俗称花圩，由于是黎明前的花市，民间通称天光圩，明清以来一直是羊城花
卉的主要集散地，现在在岭南花卉市场得到继承。每当午夜过后凌晨将至的时刻，花
农们把花以及穿制好的各色花饰品（花梳、花串、花理路）摆到天光圩来出售。清
代诗人张维屏有诗曰："花地接花津，四时皆是春，一年三百六，日日卖花人""花
市朝朝水一方，目连五色灿成行，绮篮卖入重城去，分作千家绣阁香"。清光绪年间
（1875年后），广州双门底（如今的北京路中段）出现"岁除尤盛"的花市，有"除夕
案头齐供养，香风吹暖到人家"的景象，是年宵花市的雏形。1920年以后，一年一
度的除夕花市在永汉路（今北京路）定型，每年农历腊月二十八开始至除夕深夜12
时。有广州童谣《行花街》："年卅晚，行花街，迎春花放满街排，朵朵红花鲜，朵
朵黄花大，千朵万朵睇唔
晒……"1950年的除夕，广
州市政府在桨栏路举办了
新中国成立后的第一个年
宵花市；1956年，为了更
好地发扬花市传统，搬到
太平路（今人民南路），用

陈毅手书

天河花市

竹竿搭成牌楼和花架，名曰"迎春花市"，有花档200多个；1960年，全市花市增容至4个。朱德、董必武、林伯渠、郭沫若、陈毅等国家领导人以及赵朴初、冰心、欧阳山、秦牧等文化界名人都光临过花市，与民同乐，留下不少脍炙人口的诗篇散文。陈毅元帅1966年写《广州花市》："广州大花市，真个花满城。万紫与千红，更红看花人。"著名作家秦牧在《花城》中曾说："南方的人们会选择年宵逛花市这个节目作为过年生活里的一个高潮……望着那一片花海，端详着那发着香气、轻轻颤动和舒展着叶芽和花瓣的植物中的珍品，你会禁不住赞叹，人们选择和布置这么一个场面来作为迎春的高潮，真是匠心独运！"迎春花市从广州发端，目前已扩容至全市十区二市，甚至每个街道都设点搞年宵花市，并辐射到整个广东，甚至全国不少大中城市，成为我国独一无二的民俗景观。

3. 岭南四季花园营建

丰富的岭南花木和文化，造就了岭南园林。清代中后期是岭南园林的鼎盛发展时期，最为著名有"岭南四大名园"，包括顺德清晖园、佛山梁园、番禺余荫山房、东莞可园。清晖园位居四大名园之首，始建于嘉庆五年（1800），是集明清文化、岭南古园林建筑、江南园林艺术、岭南水乡于一体的园林建筑；梁园于嘉庆、道光年间（1796—1850）陆续建成，是清代岭南文人的园林典型代表之一，体现了园林地方特色、水乡特色、文化内涵，在岭南园林中独树一帜；余荫山房始建于同治三年（1864），面积虽小但亭桥楼榭，曲径回栏，名花异卉一应俱全，以"藏而不露""缩龙成寸"等手法，使园林具有一种恬静淡雅之美；可园始建于道光三十年（1850），园内亭台楼阁多以"可"字命名，建筑层次丰富、错落有致、小中见大，体现了江南造园的艺术。广州芳村花地更是园林林立，有著名的八大园林：纫香园、留芳园、醉观园、群芳园、新长春园、余香园、评红园、翠林园；还有听松园、康园、馥林园、杏林庄、小蓬仙馆、茂林园等20余座，有诗曰："画楼小市几园林，飞渡红云万朵沉。花好亭亭似郎面，亭亭亭水照侬心。"许多园林也以生

余荫山房

经营花木为主，花木葱茏、园林密集、
溶曲折、风光旖旎，引来文人雅士云
集。每逢上元诞、土地诞、北帝诞、天后
诞、浴佛诞、端午节、关帝诞、观音诞、
鲁班先师诞、中秋节、冬至节、谢灶节
等，举办迎神赛会，同时摆设花局（又称
摆花局）。各自都把拿手的盆景、香花异
卉摆放在醒目的地方供游人观赏评论，优
胜者给予奖品。这也是岭南花卉展览和花
卉文化游玩的重要基地。

百万葵园印象梦江南

"人日"游花地是旧时广州每年大事、盛事。"人日"（正月初七）游花津，是广
州民俗，青年男女结伴出游，或全家出动赏花游园。《番禺县志》记载："楼台绣错，
花卉绮交。每岁人日，游屐画船咸集于此。"清中期之后，观花赏景也由陆地发展到
水上。诗曰："双桨花般春浪微，隔江晴雨朵烟霏，朝朝摇出大通洽，饱看花田春色
归""香风拂拂淡烟消，载酒片舟一叶飘，明月如潮花似海，隔船吞吐玉人萧"。百日
维新领袖康有为于光绪二十二年举家畅游花地时，写下诗句："烟雨井边春最闹，素
馨田畔掉方回。千年花地花犹盛，前度刘郎今可回。"

新中国成立后，特别是改革开放以来，岭南的园林事业也不断发展，岭南花卉文
化得以传承，大量植物园、公园、花园、景区等建设，市民赏花地点大大增加，如越
秀公园、广州兰圃、华南植物园、香雪公园、云台花园、百万葵园、三水荷花世界、
广西药用植物园、海南兴隆热带植物园等，汇集了大量奇花异卉，同时郊野赏花也成
为近年来的热点，如从化流溪河的梅花、李花、兰花，惠州南昆山的野生兰花、杜鹃
等，深圳梧桐山的吊钟花、毛棉杜鹃等，丰富了人们的业余生活。

广州云台花园一角

广州花城广场一角

岭南属东亚季风气候区南部，具有热带、亚热带季风海洋性气候特点，大部分属
热带季风气候，雷州半岛一带、海南和南海诸岛属热带气候。北回归线横穿岭南中
部，高温多雨为主要气候特征。大部分地区夏长冬短，终年不见霜雪，林木茂盛，四
季常青，百花争艳。西晋嵇含云："岭外多花，在春华者冬秀，夏华者春秀，秋华者

夏秀，冬华者秋秀。其华竟岁，故妇女之首，四时未尝无花。"说的是岭南四季有花屈大均《广东新语》言："花到岭南无月令"，说的是外地花木引到岭南后不按原来月令开。改革开放以来，岭南引进了大量花木品种，用于园林绿化、庭院和家居美化四季开花品种更加丰富多彩。而且随着经济的快速发展和人们生活水平的显著提升城镇化的提速，促进了生活条件的显著改善，别墅、公寓小区林立，人们对环境的要求提高了，对花木也有更高的要求。大到一个城市、一个小区、一个公园，小到一个庭院、一个别墅，如何去营建四季有花的园林美景？作为一个从事花卉研究20多年的科技工作者，经常会被问到此类问题。因此，需要对岭南花木，特别是引进的花木对其在岭南的表现做一个全面、系统的调查总结，一方面为城乡生态景观建设和规划及家庭庭院绿化美化提供理论依据和指南，另一方面借养花、赏花、用花来调节和丰富业余文化生活。这就是编著"四季花城"丛书的初衷。

"律回岁晚冰霜少，春到人间草木知"。自古以来，我国人民对四季的划分就有很多研究和记载。古代以立春、立夏、立秋、立冬作为四季的开始；天文上以春分、至、秋分、冬至作为四季的开始；农历上，正月到三月是春季，四月到六月是夏天七月到九月是秋季，十月到十二月是冬季；气象学上通常以阳历3～5月为春季，6～月为夏季，9～11月为秋季，12月到第2年的2月为冬季。岭南由于冬短夏长，开春早故丛书按古代四季划分法，以立春、立夏、立秋、立冬作为四季的开始，即2～4月为春季，5～7月为夏季，8～11为秋季，11月至第2年的1月为冬季。根据岭南花木的主开花季节，分乔木、灌木、藤蔓与攀缘植物、草本花卉、水生花卉5个类别，按春、夏、秋、冬四季编辑成册。春册，共收录75科93属278种，包括乔木87种、灌木50种、藤蔓与攀缘植物36种、草本花卉99种、水生花卉6种；夏册收录75科18属251种，包括乔木56种、灌木53种、藤蔓与攀缘植物37种、草本花卉91种、水生花卉14种；秋册收录64科144属169种，包括乔木29种、灌木49种、藤蔓与攀缘植物22种、草本花卉63种、水生花卉6种；冬册收录50科97属122种，包括乔木19种灌木30种、藤蔓与攀缘植物10种、草本花卉61种、水生花卉2种。全套书共计收录120科494属820种。

丛书结合岭南地区园林花卉历史文化，以营造四季花城的植物配植为重点，凝聚了编著者多年的心得及研究成果，配有近3 300张精美彩色图片，包括花、果、叶特征照片和景观应用照片，实用性强。由于编著者水平有限，书中难免存在错误或挂一漏万，敬请读者批评指正。

丛书由广州市科技和信息化局科普计划项目（项目编号：2013KP041）、广东省现代农业产业技术体系花卉创新团队项目资助。

水东哥

Saurauia tristyla

白饭树、米花树
猕猴桃科水东哥属

【识别要点】灌木或小乔木，高3～6m，稀达12m。叶纸质或薄革质，倒卵状椭圆形、倒卵形、长卵形、稀阔椭圆形，顶端短渐尖至尾状渐尖，基部楔形，稀钝，叶缘具刺状锯齿，稀为细锯齿。花序聚伞式，1～4枚簇生于叶腋或老枝落叶叶腋，花粉红色或白色、小，萼片阔卵形或椭圆形，花瓣卵形。果球形，白色、绿色或淡黄色。

【花果期】花期3～7月。

【产地】广东、广西、云南及贵州。生于丘陵、低山山地林下或灌丛中。印度、马来西亚也有。

【繁殖】播种。

【应用】性强健，生长快，为优良乡土树种，目前岭南园林应用较少。小花粉红，极为可爱，具有较高观赏性，可引种于景区、社区及公园等园路边、水岸边、亭廊边或一隅种植观赏，孤植、列植效果均佳。

鸟喙丝兰 *Yucca rostrata*

龙舌兰科丝兰属

【识别要点】多年生灌木状或小乔木状植物,株高可达数米。叶近莲座形,簇生于茎顶,下部叶干枯常不脱落,叶狭披针形,先端急尖,灰绿色。圆锥花序,花生于茎顶,白色。果实为蒴果。

【花果期】花期春季。
【产地】美洲。
【繁殖】分株。

【应用】干形优美,极具热带风光,园林中可用于山石边、草地中孤植或丛植,也可用于沙生植物专类园。盆栽适合阶前、大型厅堂摆放观赏。

刺果番荔枝

Annona muricata
红毛榴莲、刺番荔枝
番荔枝科番荔枝属

乔木

【识别要点】常绿乔木，高达8m。树皮粗糙。叶纸质，倒卵状长圆形至椭圆形，顶端急尖或钝，基部宽楔形或圆形，叶面翠绿色而有光泽，叶背浅绿色。花蕾卵圆形；花淡黄色，直径与长相等或稍宽；萼片卵状椭圆形，宿存；外轮花瓣厚，阔三角形，顶端急尖至钝，内面基部有红色小凸点，无柄，镊合状排列；内轮花瓣稍薄，卵状椭圆形。果实卵圆状，深绿色，幼时有下弯的刺，刺随后逐渐脱落而残存有小突体，果肉微酸多汁，白色；种子多颗，肾形。

【花果期】花期4～7月；果期7月至翌年3月。

【产地】原产美洲热带地区，现广泛栽培于亚洲热带地区。我国台湾、广东、广西和云南等地有栽培。

【繁殖】播种。

【应用】花果奇特，为优美的观花观果树种，适合公园、绿地等列植或孤植欣赏，也适于庭院栽培。

13

海杧果

Cerbera manghas
黄金茄、山样子、海芒果
夹竹桃科海杧果属

【识别要点】乔木，高4～8m。树皮灰褐色，枝条绿色，粗厚，全株具丰富乳汁。叶厚纸质，倒卵状长圆形或倒卵状披针形，稀长圆形，顶端钝或短渐尖，基部楔形，叶面深绿色，叶背浅绿色。花白色，芳香；花萼裂片长圆形或倒卵状长圆形，顶端短渐尖或钝，花冠筒圆筒形，上部膨大，下部缩小，外面黄绿色，喉部染红色，花冠裂片白色，背面左边染淡红色，倒卵状镰刀形，顶端具短尖头。核果双生或单个，阔卵形或球形，未成熟绿色，成熟时橙黄色。

【花果期】花期3～10月；果期7月至翌年4月。

【产地】广东、海南、广西及台湾。生于海边或近海边湿润的地方。亚洲及澳大利亚也有。

【繁殖】播种、扦插。

【应用】花美丽，具芳香，耐湿性好，可用于庭园、风景区的草坪、路边孤植或列植观赏，也可用于海岸边作风景树或防潮树种。

蕊木

Kopsia arborea
假乌榄树
夹竹桃科蕊木属

【识别要点】乔木，高达15m。枝条无毛，淡绿色。叶革质，卵状长圆形，两面无毛，略具光泽，顶端急尖，基部阔楔形。聚伞花序顶生，花萼裂片长圆状披针形，花冠白色。核果未熟时绿色，成熟后变黑色，近椭圆形。

【花果期】花期4～6月；果期7～12月。
【产地】广东、广西、云南及海南等地。常生于溪边、疏林中向阳处，也有生于山地密林中和山谷潮湿地方。
【繁殖】播种。

【应用】花洁白，果乌黑，花期长，花果均有一定的观赏性，目前岭南园林栽培较少，适于草地中、园路边或庭园的一隅栽培观赏。

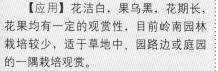

蓝树

Wrightia laevis
大蓝靛、兰树
夹竹桃科倒吊笔属

【识别要点】乔木，高8～20m，具乳汁。叶膜质，长圆状披针形或狭椭圆形至椭圆形，稀卵圆形，顶端渐尖至尾状渐尖，基部楔形。花白色或淡黄色，多朵组成顶生聚伞花序，花萼短而厚，裂片比花冠筒短，花冠漏斗状，裂片椭圆状长圆形。蓇葖果2个离生，圆柱状，顶部渐尖，种子线状披针形。

【花果期】花期4～8月；果期7月至翌年3月。

【产地】广东、广西、贵州和云南等地。生于村中、路旁和山地疏林中或山谷向阳处。印度、缅甸、泰国、越南、菲律宾、印度尼西亚、澳大利亚也有。

【繁殖】播种。

【应用】株形美观，花小而美丽，目前岭南园林栽培较少，适合孤植、列植于景区、庭院的路边或一隅。

枸骨 *Ilex cornuta*
猫儿刺、鸟不宿
冬青科冬青属

乔
木

【识别要点】常绿灌木或小乔木，高（0.6～）1～3m。叶片厚革质，二型，四角状长圆形或卵形，先端具3枚尖硬刺齿，中央刺齿常反曲，基部圆形或近截形，两侧各具1～2刺齿，有时全缘，叶面深绿色，具光泽，叶背淡绿色，无光泽。花序簇生于2年生枝的叶腋内，花淡黄色，4基数。果实球形，成熟时鲜红色，基部具四角形宿存花萼。

【花果期】花期4～5月；果期10～12月。

【产地】江苏、上海、安徽、浙江、江西、湖北、湖南等地。生于海拔150～1 900m的山坡、丘陵等的灌丛中、疏林中以及路边、溪旁和村舍附近。朝鲜也有。

【繁殖】扦插。

【应用】树形美观，果实秋冬红色，挂于枝头，极美丽，在岭南地区常盆栽用于居室美化，也可植于庭园路边或墙垣边欣赏。

17

岭南春季花木

铁冬青

Ilex rotunda
救必应
冬青科冬青属

【识别要点】常绿灌木或乔木，高可达20m，胸径达1m。叶仅见于当年生枝上，叶片薄革质或纸质，卵形、倒卵形或椭圆形，先端短渐尖，基部楔形或钝，全缘，稍反卷。聚伞花序或伞形花序，花单生于当年生枝的叶腋内；雄花白色，4基数；雌花白色，5（～7）基数。果实近球形或稀椭圆形，成熟时红色。

【花果期】花期4月；果期8～12月。

【产地】华东、华中、华南及西南。生于海拔400～1100m的山坡常绿阔叶林中和林缘。朝鲜、日本及越南北部也有。

【繁殖】播种、扦插。

【应用】株形美观，小花繁密淡雅，秋季红艳艳的果实缀满枝条，极为美丽，适合植于庭前、草地中、路边等处，孤植、列植效果均佳。铁冬青为著名的凉茶植物，也是诱鸟植物之一。

海南菜豆树

Radermachera hainanensis
绿宝树、大叶牛尾树
紫葳科菜豆树属

【识别要点】乔木，高6～13（～20）m。小枝和老枝灰色，无毛，有皱纹。叶为1～2回羽状复叶，有时仅有小叶5片；小叶纸质，长圆状卵形或卵形，长4～10cm，宽2.5～4.5cm，顶端渐尖，基部阔楔形。花序腋生或侧生，少花，为总状花序或少分枝的圆锥花序；花萼淡红色，筒状，不整齐；花冠淡黄色，钟状。蒴果长达40cm，种子卵圆形。

【花果期】花期4月，有时夏季及秋季也可见花。
【产地】广东、海南、云南。生于海拔300～550m低山坡林中。
【繁殖】播种。

【应用】树干通直，叶形美观，为近年来开发的乡土树种。幼树常用作观叶树种，盆栽用于大堂、居室、客厅等美化环境，也多用作行道树。

火焰树

Spathodea campanulata
火焰木
紫葳科火焰树属

【识别要点】乔木，高10m。树皮平滑，灰褐色。奇数羽状复叶，对生，13～17枚；叶片椭圆形至倒卵形，顶端渐尖，基部圆形，全缘。伞房状总状花序，顶生，密集；花冠一侧膨大，基部紧缩成细筒状，檐部近钟状，橘红色，具紫红色斑点，内面有突起条纹，裂片5。蒴果黑褐色；种子具周翅，近圆形。

【花果期】花期4～5月，其他季节也可见花。
【产地】原产非洲，现广泛栽培于印度、斯里兰卡。我国广东、福建、台湾、云南有栽培。
【繁殖】播种。

【应用】树形优美，花大色艳，花期长，适作行道树、园景树、庭荫树、单植、列植、群植均可取得较佳的景观效果。

黄花风铃木

Tabebuia chrysantha
毛黄钟花、黄钟木
紫葳科黄钟木属

【识别要点】落叶灌木或小乔木，高3～12m。树皮灰色，鳞片状开裂，小枝有毛。掌状复叶，小叶卵状椭圆形，顶端尖，两面有毛。花喇叭形，花冠黄色，有红色条纹。蒴果具毛，种子具翅。

【花果期】春季。
【产地】中南美洲。
【繁殖】播种、扦插或高空压条。

【应用】先花后叶，花繁茂，色金黄明艳，为优良的春季观花树种，引进年限较短，岭南地区尚无大树，适于公园、绿地等路边、草坪中或庭院一隅栽培观赏，群植、列植效果均佳。

岭南春季花木

木棉

Bombax ceiba

红棉、攀枝花、英雄树、烽火树
木棉科木棉属

【识别要点】 落叶大乔木，高可达25m。树皮灰白色，幼树的树干通常有圆锥状的粗刺。掌状复叶，小叶5～7片，长圆形至长圆状披针形，长10～16cm，宽3.5～5.5cm，顶端渐尖，基部阔或渐狭，全缘。花单生枝顶叶腋，通常红色，有时橙红色；萼杯状；花瓣肉质，倒卵状长圆形。蒴果长圆形，种子多数。

【花果期】 花期3～4月，岭南地区有时2月中下旬也可见花；果夏季成熟。

【产地】 云南、四川、贵州、广西、江西、广东、福建及台湾等地。生于海拔1 400m以下的干热河谷及稀树草原。东南亚至澳大利亚也有。

【繁殖】 播种、扦插。

【应用】 先花后叶，花大美观，为岭南地区常见树种，常用作行道树、庭荫树及庭园观赏树。果内棉毛可作垫褥、枕头、救生圈的填充材料，花及幼根可入药，花可供蔬食，种子油可作润滑油、制肥皂。

爪哇木棉

Ceiba pentandra
吉贝、吉贝木棉
木棉科吉贝属

【识别要点】落叶大乔木，高达30m，有大而轮生的侧枝。幼枝平伸，有刺。小叶5～9枚，长圆披针形，短渐尖，基部渐尖，全缘或近顶端有极疏细齿，两面均无毛，背面带白霜。花先叶或与叶同时开放，多数簇生于上部叶腋间，花瓣倒卵状长圆形，外面密被白色长柔毛，黄白色。蒴果长圆形，向上渐狭；种子圆形，种皮革质、平滑。

【花果期】花期3～4月。

【产地】原产美洲热带。现广泛引种于亚洲、非洲热带地区。

【繁殖】播种。

【应用】植株高大，抗性好，为优良的观赏树种，可用作行道树或风景树，多用于公园、风景区、校园等地，目前岭南地区栽培较少。

龟甲木棉

Pseudobombax ellipticum

修面刷树、绿背龟甲、粉红木棉
木棉科假木棉属

【识别要点】多年生落叶肉质植物。基部不规则膨大，呈块状，绿化，上有斑纹，状如龟甲。掌状复叶互生，小叶5片，倒卵形，休眠期叶片脱落。花大，白色或粉红色，花丝长。蒴果较大，长椭圆形。

【花果期】春至夏。
【产地】墨西哥。
【繁殖】播种。

【应用】本种基部极为奇特，观赏性极强，花美丽，适合用作山石边、庭园等一隅栽培观赏，目前岭南地区多植于观赏温室。

厚壳树

Ehretia acuminata
大岗茶、松杨
紫草科厚壳树属

【识别要点】落叶乔木，高达15m，具条裂的黑灰色树皮。枝淡褐色，平滑。叶椭圆形、倒卵形或长圆状倒卵形，先端尖，基部宽楔形，稀圆形，边缘有整齐的锯齿，齿端向上而内弯，无毛或被稀疏柔毛。聚伞花序圆锥状，花多数，密集，小形，芳香；花冠钟状，白色。核果黄色或橘黄色，直径3～4mm；核具皱折，成熟时分裂为2个具2粒种子的分核。

【花果期】花期春季。

【产地】西南、华南、华东及台湾、山东、河南等地。生于海拔100～1700m的丘陵、平原疏林、山坡灌丛及山谷密林中。日本、越南也有。

【繁殖】播种。

【应用】冠形优美，花量大，但观赏性一般，可用作行道树或风景树，供观赏；木材供建筑及家具用。

德保苏铁 *Cycas debaoensis*
苏铁科苏铁属

【识别要点】多年生常绿木本，单生或丛生，干高20～40cm。鳞叶鞘形，密被茸毛，3回羽状复叶，第一回羽片6～14对，第二回羽片3～5对，第三回羽片1～2对。小羽片薄革质至革质，带形。小孢子叶球椭圆形或纺锤形，大孢子叶长椭圆或阔卵形。种子球形或椭圆形。

【花果期】花期4月；果期11月。
【产地】广西。
【繁殖】播种。

【应用】叶形美观，为近年来开发的新优树种，具有较高的观赏价值，适合公园、绿地等绿化，也可盆栽观赏。

仙湖苏铁 *Cycas fairylakea*
苏铁科苏铁属

【识别要点】棕榈状常绿小乔木，高可达1～1.5m。鳞叶披针形，光滑或被污毛，羽片66～113对；羽片平展，边缘平至微反卷，有时波状，条形至镰刀状条形，薄革质至革质，上面深绿色，有光泽，下面浅绿色。小孢子叶球圆柱状长椭圆形，大孢子叶球半球形。种子倒卵状球形至扁球形。

【花果期】花期4～5月；果熟期8～9月。

【产地】广西、广东、湖南。

【繁殖】播种、分蘖或扦插。

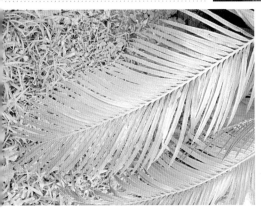

【应用】株形美观，适合公园、绿地路边、草地边缘或山石边栽培观赏，也可盆栽用于室内装饰。

攀枝花苏铁 *Cycas panzhihuaensis*
苏铁科苏铁属

【识别要点】常绿棕榈状木本植物，株高1～2.5m。叶集生于茎顶，叶柄有短刺，叶长70～120cm，羽状全裂，羽片70～105对，条形。雄球花序纺锤状圆柱形，雌球花序球形或半球形。种子近球形或倒卵状球形，橘红色。

【花果期】花期3～5月；果期9～10月。
【产地】四川。
【繁殖】播种、分蘖。

【应用】株形美观，适合公园、绿地等孤植或群植于路边、草地边缘或山石边绿化，也可盆栽。

四川苏铁 *Cycas szechuanensis*
苏铁科苏铁属

【识别要点】树干圆柱形，株高 2 ～ 5m。羽叶长 1 ～ 3m，集生于树干顶部，羽状裂片条形或披针状条形，微弯曲，厚革质，先端渐尖，基部不等宽。大孢子叶扁平。雄球花未见。种子椭圆形。

【花果期】花期春季。
【产地】四川、福建。
【繁殖】分蘖、扦插。

【应用】株形美观，适合公园、绿地等绿化栽培，也可盆栽用于室内绿化。

大花五桠果

Dillenia turbinata
大花第伦桃
五桠果科五桠果属

【识别要点】常绿乔木，高达30m。嫩枝粗壮，有褐色茸毛；老枝秃净。叶革质，倒卵形或长倒卵形，先端圆形或钝，有时稍尖，基部楔形，不等侧。总状花序生于枝顶，有花3～5朵，粗大，有褐色长茸毛，花大，有香气；花瓣薄，黄色，有时黄白色或浅红色，倒卵形。

【花果期】花期4～5月。

【产地】海南、广西及云南。常见于常绿林里。越南也有。

【繁殖】播种。

【应用】株形美观，花色鲜艳，果实成熟后可食，是极佳的观花树种，适合岭南地区生长，但园林栽培较少，应加大开发引种力度。适合庭园、道路等栽培观赏，也是优良的行道树种。

锡兰杜英

Elaeocarpus serratus
锡兰榄、锡兰橄榄
杜英科杜英属

【识别要点】常绿乔木，干通直，高25～30m。叶互生，长椭圆形，先端尖，基部楔形，具长柄，边缘有锯齿。总状花序腋生，两性，萼片分离，镊合状排列；花瓣白色，分离，顶端撕裂。核果长圆形或椭圆球。

【花果期】花期3～6月；果期7～10月。
【产地】原产印度尼西亚至印度东部。
【繁殖】播种。

【应用】冠形美观，枝叶繁茂，岭南地区栽培较少，可用作行道树、风景树、庭荫树、单植、列植均宜。

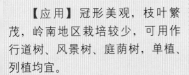

岭南春季花木

文定果

Muntingia calabura
文丁果、南美假樱桃
杜英科文定果属

【识别要点】常绿小乔木，株高可达6～12m。单叶互生，纸质，长椭圆形，先端急尖，边缘有锯齿。花腋生，花冠白色，通常有花1～2朵。浆果圆形，成熟时红色至深红色，种子细小。

　　【花果期】花期春至秋，以春季为盛；果期夏至冬。
　　【产地】美洲热带地区、斯里兰卡、印度尼西亚等地。
　　【繁殖】播种。

　　【应用】适应性强，花果有一定的观赏价值，果成熟可食，在岭南地区有少量逸生，可用于公园、绿地、校园等作行道树及庭园树等。

石栗 *Aleurites moluccanus*
大戟科石栗属

【识别要点】常绿乔木，高达18m。树皮暗灰色，浅纵裂至近光滑。叶纸质，卵形至椭圆状披针形（萌生枝上的叶有时圆肾形，具3～5浅裂），顶端短尖至渐尖，基部阔楔形或钝圆，稀浅心形，全缘或（1～）3（～5）浅裂。花雌雄同株，同序或异序，花瓣长圆形，乳白色至乳黄色。核果近球形或稍偏斜的圆球状；种子圆球状，侧扁，种皮坚硬。

【花果期】花期4～10月。

【产地】福建、台湾、广东、海南、广西、云南等地。分布于亚洲热带、亚热带地区。

【繁殖】播种。

【应用】树形美丽，花可供观赏，在岭南地区常见栽培，多用作行道树或庭园绿化树。

血桐

Macaranga tanarius var. *tomentosa*
流血桐、帐篷树
大戟科血桐属

【识别要点】乔木，高5～10m。叶纸质或薄纸质，近圆形或卵圆形，顶端渐尖，基部钝圆，盾状着生，全缘或叶缘具浅波状小齿。雄花序圆锥状，雄花萼片3枚；雌花序圆锥状，雌花花萼长约2mm，2～3裂。果实为蒴果，种子近球形。

【花果期】花期4～5月；果期6月。

【产地】台湾、广东。生于沿海低山灌木林或次生林中。琉球群岛、越南、泰国、缅甸、马来西亚、印度尼西亚以及澳大利亚北部也有。

【繁殖】播种。

【应用】叶大，冠形优美，生长繁茂，为优良的庭荫树，可植于公园、绿地、风景区或校园中，宜孤植于草地或一隅，也可植于路边作风景树。

乌桕

Sapium sebiferum
腊子树、木子树
大戟科乌桕属

【识别要点】乔木，高可达15m。各部均无毛而具乳状汁液。树皮暗灰色，有纵裂纹。叶互生，纸质，叶片菱形、菱状卵形或稀有菱状倒卵形，顶端骤然紧缩具长短不等的尖头，基部阔楔形或钝，全缘。花单性，雌雄同株，聚集成顶生的总状花序，雌花通常生于花序轴最下部或罕有在雌花下部亦有少数雄花着生，雄花生于花序轴上部或有时整个花序全为雄花；雄花花梗纤细，向上渐粗，苞片阔卵形；雌花花梗粗壮，苞片深3裂，裂片渐尖；花萼3深裂，裂片卵形至卵状披针形。蒴果梨状球形，成熟时黑色。

【花果期】花期4～8月。

【产地】主要在黄河以南地区，北达陕西、甘肃。生于旷野、塘边或疏林中。日本、越南、印度也有。

【繁殖】播种。

【应用】性强健，适性能力强，花序及果实有一定的观赏性，适于园路边、草坪中、墙隅栽培，孤植、列植、群植效果均佳。

岭南春季花木

白树

Suregada glomerulata
饼树
大戟科白树属

【识别要点】灌木或乔木，高2～13m。枝条灰黄色至灰褐色，无毛。叶薄革质，倒卵状椭圆形至倒卵状披针形，稀长圆状椭圆形，顶端短尖或短渐尖，稀圆钝，基部楔形或阔楔形，全缘。聚伞花序与叶对生，萼片近圆形，边缘具浅齿；雄花的雄蕊多数，腺体小，生于花丝基部；雌花花盘环状，子房近球形。蒴果近球形。

【花果期】花期3～9月。
【产地】广东、海南、广西和云南。生于灌木丛中。分布于亚洲东南部各国、大洋洲。
【繁殖】播种。

【应用】花繁密，有一定观赏性，华南地区有少量栽培，适合路边、草坪边及一隅栽培观赏。

木油桐

Vernicia montana
千年桐、皱果桐
大戟科油桐属

乔
木

【识别要点】落叶乔木，高达20m。枝条无毛，散生突起皮孔。叶阔卵形，顶端短尖至渐尖，基部心形至截平，全缘或2~5裂。裂缺常有杯状腺体，两面初被短柔毛，成长叶仅下面基部沿脉被短柔毛。花序生于当年生已发叶的枝条上，雌雄异株或有时同株异序；花萼无毛，花瓣白色或基部紫红色且有紫红色脉纹，倒卵形，基部爪状。核果卵球状，种子扁球状。

【花果期】花期4~5月。

【产地】浙江、江西、福建、台湾、湖南、广东、海南、广西、贵州、云南等地。生于海拔1300m以下的疏林中。越南、泰国、缅甸也有。

【繁殖】播种。

【应用】园林中较少应用。习性强健、抗性强，株形美观，可引种于公园、风景区用作风景树或行道树。本种是世界著名工业油料树种，经济寿命长，种子含油率达到60%~70%，丰产期每公顷种子产量可达120t以上，是较理想的提炼生物能源的材料，目前在湖南等地已开始规模化种植。

海南大风子

Hydnocarpus hainanensis
龙角、高根
大风子科大风子属

【识别要点】常绿乔木，高6～9m。树皮灰褐色，小枝圆柱形。叶薄革质，长圆形，先端短渐尖，有钝头，基部楔形，边缘有不规则浅波状锯齿。花15～20朵，呈总状花序，花序梗短；萼片4，椭圆形；花瓣4，肾状卵形。浆果球形，密生棕褐色茸毛，果皮革质，果梗粗壮。

【花果期】花期春末至夏季；果期夏季至秋季。

【产地】海南、广西。生于常绿阔叶林中。越南也有分布。

【繁殖】播种。

【应用】花果有一定观赏性，可用作绿化树种，适合公园、绿地、校园等列植观赏。

菲岛福木

Garcinia subelliptica
福木、福树
藤黄科藤黄属

【识别要点】乔木，高可达20m。小枝坚韧粗壮。叶片厚革质，卵形、卵状长圆形或椭圆形，稀圆形或披针形，顶端钝、圆形或微凹，基部宽楔形至近圆形，上面深绿色，具光泽。花杂性，同株，5数；雄花和雌花通常混合在一起，簇生或单生于落叶腋部，有时雌花成簇生状，雄花成假穗状，雄花花瓣黄色，雌花通常具长梗，副花冠上半部具不规则的啮齿。浆果宽长圆形，成熟时黄色，外面光滑；种子1～3（～4）枚。

【花果期】花期春至夏。

【产地】我国台湾。生于海滨的杂木林中。琉球群岛、菲律宾、斯里兰卡、印度尼西亚也有。

【繁殖】播种。

【应用】枝叶茂盛，株形美观，花可供观赏，由于其能耐暴风和海潮的侵袭，多用于沿海地区营造防风林，也可作风景树。

岭南春季花木

米老排

Mytilaria laosensis
壳菜果、山油桐
金缕梅科壳菜果属

【识别要点】常绿乔木，高达30m。叶革质，阔卵圆形，全缘，或幼叶先端3浅裂，先端短尖，基部心形，上面干后橄榄绿色，有光泽；下面黄绿色，或稍带灰色，无毛。肉穗状花序顶生或腋生，单独，花多数，紧密排列在花序轴上；花瓣带状舌形，白色。蒴果黄褐色。

【花果期】花期春夏。

【产地】云南东南部、广西西部及广东西部。老挝及越南北部也有。

【繁殖】播种。

【应用】叶形美观，花小，具有一定的观赏价值，适合公园、风景区、校园等地用作风景树或行道树，孤植、列植均可。

红花荷

Rhodoleia championii
红苞木
金缕梅科红花荷属

【识别要点】常绿乔木，高12m。嫩枝粗壮，无毛，干后皱缩，暗褐色。叶厚革质，卵形，先端钝或略尖，基部阔楔形，有三出脉，上面深绿色，发亮。头状花序长3～4cm，常弯垂；总苞片卵圆形，大小不相等，最上部的较大，被褐色短柔毛；萼筒短，花瓣匙形，红色。头状果序有蒴果5个，蒴果卵圆形。

【花果期】花期3～4月；果期秋季。
【产地】广东中部及西部。我国香港有野生种。

【应用】为著名的早春观花树种，花繁盛，极为艳丽，在广东等地园林中应用广泛，适合列植于园路边、公路边作绿化树种，也可用于坡地种植营造景观。

樟树
Cinnamomum camphora
香樟、樟
樟科樟属

【识别要点】常绿大乔木，高可达30m，直径可达3m，树冠广卵形。枝、叶及木材均有樟脑气味。树皮黄褐色，有不规则的纵裂。顶芽广卵形或圆球形，鳞片宽卵形或近圆形，外面略被绢状毛。枝条圆柱形，淡褐色，无毛。叶互生，卵状椭圆形，先端急尖，基部宽楔形至近圆形，边缘全缘，有时呈微波状，侧脉及支脉脉腋上面明显隆起，下面有明显腺窝。圆锥花序腋生，花绿白或带黄色，花被裂片椭圆形。果实卵球形或近球形，紫黑色。

【花果期】花期4～5月；果期8～11月。

【产地】我国南方广大地区。常生于山坡或沟谷中。越南、朝鲜、日本也有。

【繁殖】播种、扦插。

【应用】树形美观，花小，有一定观赏性，在岭南地区普遍栽培，适合公园、绿地、景区等作行道树或风景树。

儿茶

Acacia catechu

孩儿茶

豆科金合欢属

【识别要点】落叶小乔木，高可达10m。树皮棕色，常呈条状薄片开裂，但不脱落。2回羽状复叶，羽片10～30对；小叶20～50对，线形。穗状花序，花淡黄或白色；花瓣披针形或倒披针形，被疏柔毛。荚果带状，棕色，有光泽，开裂，有3～10颗种子。

【花果期】花期4～8月；果期9月至翌年1月。

【产地】云南、广西、广东、浙江南部及台湾。除云南有野生外，其他均为引种。印度、缅甸和非洲东部也有。

【繁殖】播种。

【应用】花序美观，可用于观赏，适合公园、绿地、校园等园路边种植。

台湾相思

Acacia confusa
台湾柳
豆科金合欢属

【识别要点】常绿乔木，高6～15m。枝灰色或褐色。苗期第一片真叶为羽状复叶，长大后小叶退化，叶柄变为叶状柄，叶状柄革质，披针形，直或微呈弯镰状，两端渐狭，先端略钝，有明显的纵脉3～5（～8）条。头状花序球形，单生或2～3个簇生于叶腋，花瓣淡绿色，雄蕊多数，明显超出花冠之外。荚果扁平；种子椭圆形，压扁。

【花果期】花期3～10月；果期8～12月。

【产地】台湾、福建、广东、广西、云南。野生或栽培。菲律宾、印度尼西亚、斐济也有。

【繁殖】播种。

【应用】生长迅速，耐干旱，为华南地区荒山造林、水土保持和沿海防护林的重要树种。也常用于园林绿化，适合作行道树或滨水岸边种植观赏。

海红豆

Adenanthera pavonina var. *microsperma*
红豆、孔雀豆
豆科海红豆属

【识别要点】落叶乔木，高5～20m。嫩枝被微柔毛。2回羽状复叶，羽片3～5对；小叶4～7对，互生，长圆形或卵形，两端圆钝，两面均被微柔毛。总状花序单生于叶腋或在枝顶排成圆锥花序，花小，白色或黄色，有香味，花瓣披针形。荚果狭长圆形，开裂后果瓣旋卷；种子近圆形至椭圆形，鲜红色，有光泽。

【花果期】花期4～7月；果期7～10月。

【产地】云南、贵州、广西、广东、福建和台湾。多生于山沟、溪边、林中或栽培于庭园。缅甸、柬埔寨、老挝、越南、马来西亚、印度尼西亚也有。

【繁殖】播种。

【应用】种子鲜红色，极美观，可作装饰品。花具淡香，可用作公园、绿地的风景树或庭荫树，也可用于行道树。木材质地坚硬，耐腐性好，可作船舶、建筑用材。

洋紫荆

Bauhinia variegata
宫粉羊蹄甲、红紫荆
豆科羊蹄甲属

【识别要点】落叶乔木。树皮暗褐色，近光滑。枝广展，硬而稍呈之字曲折，无毛。叶近革质，广卵形至近圆形，宽度常超过于长度，基部浅至深心形，有时近截形，先端2裂达叶长的1/3，裂片阔，钝头或圆，两面无毛或下面略被灰色短柔毛。总状花序侧生或顶生，极短缩，多少呈伞房花序式，少花，总花梗短而粗；花大，近无梗；花蕾纺锤形，花瓣倒卵形或倒披针形，具瓣柄，紫红色或淡红色，杂以黄绿色及暗紫色的斑纹。荚果带状，扁平。

【花果期】花期春季，以3月最盛，其他季节偶尔见花。

【产地】我国南部。印度、中南半岛也有。

【应用】先花后叶，花美丽而略有香味，花期长，生长快，目前岭南地区常用此种营造大型园林景观，也适于校园、公园、绿地及风景区等列植、片植于路边或孤植于庭园一隅观赏。每年3月，华南农业大学处处可见紫荆花海，成为广州人踏青赏花的又一胜地。

白花洋紫荆

Bauhinia variegata var. *candida*
白花紫荆、白花羊蹄甲
豆科羊蹄甲属

乔木

【识别要点】落叶乔木。树皮暗褐色，近光滑。叶近革质，广卵形至近圆形，宽度常超过于长度，基部浅至深心形，有时近截形，先端2裂达叶长的1/3，裂片阔，钝头或圆。总状花序侧生或顶生，极短缩，多少呈伞房花序式，少花，花大，近无梗；花蕾纺锤形；花瓣白色，近轴的一片或有时全部花瓣均杂以淡黄色的斑块。荚果带状，扁平；种子10～15颗，近圆形，扁平。

【花果期】花期全年，3月最盛。

【产地】我国南部。印度、中南半岛也有。

【繁殖】播种。

【应用】花洁白美丽，为优良观花树种及蜜源植物，在岭南地区广泛种植，可用作庭荫树或风景树，宜群植或列植。

紫矿

Butea monosperma
紫铆、胶虫树
豆科紫矿属

【识别要点】乔木，高10～20m，树皮灰黑色。小叶厚革质，顶生的宽倒卵形或近圆形，先端圆，基部阔楔形；侧生的长卵形或长圆形，两侧不对称，先端钝，基部圆形。总状或圆锥花序腋生或生于无叶枝的节上，花冠橘红色，后渐变黄色，旗瓣长卵形，外弯，翼瓣狭镰形，龙骨瓣宽镰形。果实为荚果；种子宽肾形或肾状圆形，极压扁。

【花果期】花期3～4月。

【产地】云南、广东有栽培，生于林中及路旁潮湿处。印度、斯里兰卡、越南至缅甸也有。

【繁殖】播种。

【应用】花大奇特，为优良观花树种，在岭南地区极少种植，可孤植于草地或列植于路边观赏。是紫胶虫的主要寄主之一，其生产的紫胶，质地优良，是航空制造业上的重要黏合剂。

美丽决明

Cassia spectabilis
美洲槐
豆科决明属

【识别要点】常绿小乔木，嫩枝密被黄褐色茸毛。叶互生，叶轴及叶柄密被黄褐色茸毛；小叶对生，椭圆形或长圆状披针形，顶端具针状短尖，基部阔楔形或稍带圆形，稍偏斜。花组成顶生的圆锥花序或腋生的总状花序；萼片5枚，其中2枚近圆形，花瓣黄色，有明显的脉，大小不一。荚果长圆筒形，种子间稍收缩。

【花果期】花期3～4月；果期7～9月。

【产地】原产美洲热带地区。我国广东、云南南部有栽培。

【繁殖】播种。

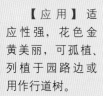

【应用】适应性强，花色金黄美丽，可孤植、列植于园路边或用作行道树。

降香黄檀

Dalbergia odorifera
降香、降香檀
豆科黄檀属

【识别要点】乔木，高 10～15m。树皮褐色或淡褐色，粗糙，有纵裂槽纹。羽状复叶；小叶（3～）4～5（～6）对，近革质，卵形或椭圆形，复叶顶端的 1 枚小叶最大，往下渐小，基部 1 对仅为顶小叶的 1/3，先端渐尖或急尖，钝头，基部圆或阔楔形。圆锥花序腋生，分枝呈伞房花序状；花冠乳白色或淡黄色，各瓣近等长，旗瓣倒心形。荚果舌状长圆形。

【花果期】花期春季。

【产地】海南。生于中海拔山坡疏林中、林缘或村旁旷地上。

【繁殖】播种、扦插。

【应用】为名贵木材，可用于制作家具。根部心材名降香，供药用。也适合园林用作绿化树种。

鸡冠刺桐 *Erythrina crista-galli*
豆科刺桐属

【识别要点】落叶灌木或小乔木,茎和叶柄稍具皮刺。羽状复叶具3小叶;小叶长卵形或披针状长椭圆形,先端钝,基部近圆形。花与叶同出,总状花序顶生,每节有花1～3朵;花深红色,稍下垂或与花序轴成直角;花萼钟状,先端2浅裂;雄蕊二体;子房有柄,具细茸毛。果实为荚果,种子间缢缩;种子大,亮褐色。

【花果期】花期4～7月;果期秋季。
【产地】原产巴西。华东南部、华南及西南有栽培。
【繁殖】扦插、播种。

【应用】株形美观,花序大,色泽艳丽,是近年来园林中大量应用的观花小乔木,常植于路边、草地边缘或池畔观赏,群植、列植效果均佳。

岭南春季花木

刺桐 *Erythrina variegata*
豆科刺桐属

【识别要点】大乔木，高可达20m。羽状复叶具3小叶，常密集枝端；小叶膜质，宽卵形或菱状卵形，先端渐尖而钝，基部宽楔形或截形；基脉3条，侧脉5对。总状花序顶生，上有密集、成对着生的花，总花梗木质、粗壮，花萼佛焰苞状，长2～3cm，口部偏斜，一边开裂；花冠红色，先端圆，瓣柄短。荚果黑色，肥厚，种子间略缢缩；种子1～8颗，肾形。

【花果期】花期3月；果期8月。

【产地】原产印度至大洋洲海岸林中。马来西亚、印度尼西亚、越南也有。

【繁殖】扦插、播种。

【应用】株形美观，花艳丽，为著名观花植物，岭南地区栽培较盛，可用于庭院、公园、风景区等作行道树或风景树。

印度紫檀

Pterocarpus indicus
花榈木、红木
豆科紫檀属

【识别要点】乔木，高15～25m，树皮灰色。羽状复叶；小叶3～5对，卵形，先端渐尖，基部圆形。圆锥花序顶生或腋生，多花，花冠黄色，花瓣有长柄，边缘皱波状。荚果圆形，扁平，偏斜，有种子1～2粒。

【花果期】花期春季。

【产地】台湾、广东和云南。生于坡地疏林中或栽培于庭园。印度、菲律宾、印度尼西亚和缅甸也有。

【繁殖】播种。

【应用】树形美观，为常见栽培的热带绿化树种，在北回归线附近，遇低温年份易出现冷害，适合岭南南部热带地区的公路、园路、风景区道路列植观赏。

垂枝无忧树

Saraca declinata
无忧花
豆科无忧花属

【识别要点】乔木，高约6m，树皮灰色。叶为羽状复叶，小叶5～7对，长圆形或卵状长圆形，顶端锐尖或渐尖，基部圆形或楔形。伞房花序，苞片2，花瓣状，花瓣缺，雄蕊4枚。果实为荚果。

【花果期】花期3～5月；果期6～10月。
【产地】原产印度、马来西亚、印度尼西亚、缅甸等地。我国引种栽培。
【繁殖】播种、扦插、压条。

【应用】株形端正美观，花繁密，开花时节，如团团火焰，灿烂夺目，在园林中适合列植或孤植欣赏，也适合与其他观花树种配植。

中国无忧树

Saraca dives
火焰花
豆科无忧花属

【识别要点】乔木，高5～20m，胸径达25cm。羽状复叶，有小叶5～6对，嫩叶略带紫红色，下垂；小叶近革质，长椭圆形、卵状披针形或长倒卵形，先端渐尖、急尖或钝，基部楔形。花序腋生，较大，花黄色，后部分变红色，两性或单性。荚果棕褐色，扁平；种子5～9颗，形状不一，扁平。

【花果期】花期4～5月；果期7～10月。

【产地】云南东南部至广西西南部、南部和东南部。生于海拔200～1000m的密林或疏林中，常见于河流或溪谷两旁。越南、老挝也有。

【繁殖】播种、扦插、压条。

【应用】株形美观，花色艳丽，灿烂夺目，常用于公园、风景区、绿地等处作风景树、孤植、列植效果均佳。

海南木莲

Manglietia fordiana var. *hainanensis*
龙楠树
木兰科木莲属

【识别要点】乔木，高达20m，胸径约45cm。树皮淡灰褐色，芽及小枝多少残留红褐色平伏短柔毛。叶薄革质，倒卵形，狭倒卵形、狭椭圆状倒卵形，很少为狭椭圆形，边缘波状起伏，先端急尖或渐尖，基部楔形。花被片9，每轮3片，外轮的薄革质，倒卵形，外面绿色，顶端有浅缺，内2轮的白色，带肉质，倒卵形。聚合果褐色，卵圆形或椭圆状卵圆形；种子红色，稍扁。

【花果期】花期4～5月；果期9～10月。
【产地】海南。生于海拔300～1 200m的溪边、密林中。
【繁殖】播种。

【应用】适应性强，在岭南地区生长良好，园林中较少应用，适合公园、绿地、风景区等三五株丛植或孤植欣赏，也可作行道树。

亮叶木莲 *Manglietia lucida*
木兰科木莲属

乔木

【识别要点】乔木，高约18m，直径达65cm。幼枝淡灰，平滑，通常纵向皱纹。叶片倒卵形，革质，中脉背面隆起，正面具槽，基部楔形，具2棱，下延成叶柄，先端渐尖。花被片9（~11），紫色；外部3花被片狭倒卵形，肉质；内部6~8花被片2轮，比外部的更短窄。果实卵球形。

【花果期】花期3~5月；果期9~10月。
【产地】云南东南部。生于海拔500~700m次生常绿阔叶林中。
【繁殖】播种。

【应用】树体高大，花美丽，为优良观花树种，近年来岭南地区广为种植，适合用作庭荫树、风景树或行道树。

乐昌含笑 *Michelia chapensis*
木兰科含笑属

【识别要点】乔木，高15～30m，胸径1m，树皮灰色至深褐色。叶薄革质，倒卵形，狭倒卵形或长圆状倒卵形，先端骤狭短渐尖或短渐尖，尖头钝，基部楔形或阔楔形。花被片淡黄色，6片，芳香，2轮，外轮倒卵状椭圆形，内轮较狭。果实为聚合果；蓇葖长圆形或卵圆形，种子红色。

【花果期】花期3～4月；果期8～9月。

【产地】江西南部、湖南西部及南部、广东西部及北部、广西东北部及东南部。生于海拔500～1 500m的山地林间。越南也有。

【繁殖】播种。

【应用】树体高大，冠形优美，枝叶翠绿，花大，具芳香，是优良的庭园和道路绿化树种。孤植、丛植、群植或列植均宜。

紫花含笑 *Michelia crassipes*

粗柄含笑
木兰科含笑属

【识别要点】小乔木或灌木，高
2～5m，树皮灰褐色。叶革质，狭长圆
形、倒卵形或狭倒卵形，很少狭椭圆形，
先端长尾状渐尖或急尖，基部楔形或阔
楔形，上面深绿色，有光泽。花极芳香，
紫红色或深紫色，花被片6，长椭圆形。
聚合果具蓇葖10枚以上；蓇葖扁圆球
形，有乳头状突起，残留有毛。

【花果期】花期4～5月；果期8～9月。
【产地】广东、湖南、广西。生于海拔300～1000m的山谷密林中。
【繁殖】播种、高压或嫁接法。

【应用】花香浓郁，色泽紫红，有较
高的观赏价值，常用于庭院及公园、小区
种植欣赏，也可盆栽用于阳台及天台等装
饰。

观光木 *Michelia odora*

木兰科含笑属

【识别要点】常绿乔木，高达25m。树皮淡灰褐色，具深皱纹。小枝、芽、叶柄、叶面中脉、叶背和花梗均被黄棕色糙伏毛。叶片厚膜质，倒卵状椭圆形，中上部较宽，顶端急尖或钝，基部楔形，上面绿色，有光泽。花芳香；花被片象牙黄色，有红色小斑点，狭倒卵状椭圆形，外轮的最大。聚合果长椭圆形。

【花果期】花期3月；果期10～12月。

【产地】江西南部、福建、广东、海南、广西、云南东南部。生于海拔500～1000m的岩山地常绿阔叶林中。

【繁殖】播种。

【应用】树干挺直，树冠宽广，枝叶稠密，花美丽而芳香，供庭园观赏或用于行道树。

石碌含笑 *Michelia shiluensis*
木兰科含笑属

【识别要点】乔木，高达18m。小枝、叶、叶柄均无毛。叶革质，稍坚硬，倒卵状长圆形，先端圆钝，具短尖，基部楔形或宽楔形，上面深绿色，下面粉绿色。花白色，花被片9枚，3轮，倒卵形。果实为聚合果；蓇葖有时仅数个发育，倒卵圆形或倒卵状椭圆体形，种子宽椭圆形。

【花果期】花期3～5月；果期6～8月。
【产地】海南。生于海拔200～1 500m的山沟、山坡、路旁、水边。
【繁殖】播种。

【应用】冠形极美，为著名的观赏植物，花洁白美丽，可用于公园、绿地、景区、校园等绿化，列植、孤植均可，也适合与其他花灌木配植。

盖裂木 *Talauma hodgsoni*
木兰科盖裂木属

【识别要点】乔木，高达15m。小枝带苍白色，无毛。叶革质，倒卵状长圆形，先端钝或渐尖，基部渐狭楔形。花梗粗壮，花被片9，厚肉质，外轮3片卵形，背面草绿色，中轮与内轮乳白色，内轮较小。聚合果卵圆形，成熟蓇葖40～80枚，狭椭圆形或卵圆形。

【花果期】花期4～5月；果期8月。

【产地】西藏南部。生于海拔850～1 500m的林间。印度、不丹、尼泊尔、泰国、缅甸也有。

【繁殖】播种。

【应用】四季常青，花大，为美丽的观赏植物，适合草地孤植或用作行道树。

麻楝

Chukrasia tabularis
毛麻楝
楝科麻楝属

【识别要点】乔木，高达25m。老茎树皮纵裂，幼枝赤褐色，无毛。叶通常为偶数羽状复叶，小叶10～16枚；小叶互生，纸质，卵形至长圆状披针形，先端渐尖，基部圆形，偏斜。圆锥花序顶生，长约为叶的一半，花有香味；花瓣黄色或略带紫色，长圆形。蒴果灰黄色或褐色，近球形或椭圆形；种子扁平，椭圆形。

【花果期】花期4～5月；果期7月至翌年1月。

【产地】广东、广西、云南和西藏。生于海拔380～1 530m的山地杂木林或疏林中。尼泊尔、印度、斯里兰卡、中南半岛和马来半岛也有。

【繁殖】播种。

【应用】为岭南地区常见的绿化树种，花有一定观赏性，多用于校园、绿地或公路边作行道树或风景树。

苦楝

Melia azedarach
楝、紫花树
楝科楝属

【识别要点】落叶乔木，高达10m以上。树皮灰褐色，纵裂。分枝广展。叶为2～3回奇数羽状复叶，小叶对生，卵形、椭圆形至披针形，顶生一片通常略大，先端短渐尖，基部楔形或宽楔形，多少偏斜，边缘有钝锯齿。圆锥花序约与叶等长，花芳香；花萼5深裂，裂片卵形或长圆状卵形；花瓣淡紫色，倒卵状匙形。核果球形至椭圆形，种子椭圆形。

【花果期】花期4～5月；果期10～12月。

【产地】我国黄河以南地区。生于低海拔旷野、路旁或疏林中。广布于亚洲热带和亚热带地区。

【繁殖】播种。

【应用】性强健，耐热、耐寒、耐瘠薄，既可用于园林绿化，也可用作水土保持树种。

构树
Broussonetia papyrifera
褚桃
桑科构属

【识别要点】乔木，高10～20m。树皮暗灰色，小枝密生柔毛。叶螺旋状排列，广卵形至长椭圆状卵形，先端渐尖，基部心形，两侧常不相等，边缘具粗锯齿，不分裂或3～5裂，小树之叶常有明显分裂，表面粗糙，疏生糙毛，背面密被茸毛。花雌雄异株；雄花序为柔荑花序，花被4裂，裂片三角状卵形；雌花序球形头状，苞片棍棒状。果实为聚花果，成熟时橙红色，肉质。

【花果期】花期4～5月；果期6～7月。
【产地】我国南北各地。印度、缅甸、泰国、越南、马来西亚、日本、朝鲜也有，野生或栽培。
【繁殖】播种。

【应用】性强健，为著名的乡土树种，果极为美丽，可孤植或列植于路边观赏。

蚁栖树

Cecropia peltata
号角树
桑科号角树属

【识别要点】常绿乔木。茎中空，一般株高可达15m，最高可长至25m。叶柄基部有锈色或白色短丛毛，叶掌状9～11裂，叶面粗糙，叶背淡白色具茸毛。雌雄异花，均具佛焰苞，花序腋生。果实棍棒状。

【花果期】花期春末夏初。
【产地】原产墨西哥南部至南美洲北部和大安的列斯群岛。
【繁殖】压条、扦插。

【应用】株形美观，叶及花序均有观赏价值，岭南地区有少量应用，可用作行道树或风景树，列植或三五株丛植均可。

杨梅

Myrica rubra
山杨梅、树梅
杨梅科杨梅属

【识别要点】常绿乔木，高可达15m以上。树皮灰色，老时纵向浅裂。叶革质，常密集于小枝上端，楔状倒卵形或长椭圆状倒卵形，全缘或偶在中部以上具少数锐锯齿。花雌雄异株。雄花序单独或数条丛生于叶腋，圆柱状，雌花序常单生于叶腋。核果球状，成熟时深红色或紫红色。

【花果期】花期4月；果实成熟期6～7月。

【产地】江苏、浙江、台湾、福建、江西、湖南、贵州、四川、云南、广西和广东。生长在海拔125～1500m的山坡或山谷林中。日本、朝鲜和菲律宾也有。

【繁殖】播种、嫁接。

【应用】本种为岭南地区著名水果，常用于园林绿化，孤植于草地边缘或一隅，也可植于园路边观赏。

串钱柳

Callistemon viminalis
垂枝红千层
桃金娘科红千层属

【识别要点】常绿灌木或小乔木，株高2～5m。叶互生，纸质，披针形或窄线形，叶色灰绿至浓绿。穗状花序顶生，花两性，红色。果实为蒴果。

【花果期】花期4～9月。

【产地】澳大利亚的新南威尔士及昆士兰。

【繁殖】扦插。

【应用】花色艳丽，有较强的耐湿性，在岭南地区广泛应用，适作行道树、园景树，可单植、列植、群植美化，特别适合水岸边栽培观赏。

蒲桃

Syzygium jambos
蒲桃树、水葡桃
桃金娘科蒲桃属

【识别要点】乔木，高10m，主干极短，广分枝。叶片革质，披针形或长圆形，先端长渐尖，基部阔楔形，叶面多透明细小腺点，网脉明显。聚伞花序顶生，有花数朵；花白色，萼管倒圆锥形，花瓣分离，阔卵形。果实球形，果皮肉质，成熟时黄色，有油腺点；种子1～2颗。

【花果期】花期3～4月；果期5～6月。

【产地】台湾、福建、广东、广西、贵州、云南等地。喜生于河边及河谷湿地。中南半岛、马来西亚、印度尼西亚也有。

【繁殖】扦插、播种。

【应用】株形美观，园林中常用作风景树或行道树，性喜水湿，可植于水岸边、池畔观赏，也可用作庭荫树种。果可鲜食，也可用于制作饮料。

阔叶蒲桃 *Syzygium latilimbum*
桃金娘科蒲桃属

【识别要点】乔木，高20m。叶片狭长椭圆形至椭圆形，先端渐尖，基部圆形，有时微心形。聚伞花序顶生，有花2～6朵；花大，白色，萼管长倒锥形，花瓣分离，圆形。果实卵状球形。

【花果期】花期4月。

【产地】广东、广西、云南的南部及西南部。见于湿润的低地森林。泰国及越南等地也有。

【繁殖】播种、扦插。

【应用】植株高大，庇荫性好，花大洁白，岭南地区较少应用，可用作行道树或风景树。

洋蒲桃

Syzygium samarangense
莲雾
桃金娘科蒲桃属

乔
木

【识别要点】乔木，高12m。嫩枝压扁。叶片薄革质，椭圆形至长圆形，先端钝或稍尖，基部变狭，圆形或微心形，上面干后变黄褐色，下面多细小腺点。聚伞花序顶生或腋生，有花数朵；花白色，萼管倒圆锥形，雄蕊极多。果实梨形或圆锥形，肉质，洋红色，发亮，顶部凹陷。

【花果期】花期3～4月；果期5～6月。

【产地】马来半岛及安达曼群岛。热带地区广为栽培。

【繁殖】扦插、播种。

【应用】树形美观，为华南地区常见栽培树种，花果供观赏，可用于广场、绿地、校园、景区及庭园作风景树或庭荫树，也适合作行道树，列植、孤植效果均佳。果可食用。

山指甲

Ligustrum sinense
小蜡
木犀科女贞属

【识别要点】落叶灌木或小乔木，高2～4（～7）m。小枝圆柱形。叶片纸质或薄革质，卵形、长圆状椭圆形至披针形。圆锥花序顶生或腋生，塔形，花序轴密被淡黄色短柔毛；花萼先端呈截形或呈浅波状齿；花冠裂片长圆形。果实近球形。

【花果期】花期3～6月；果期9～12月。

【产地】江苏、浙江、安徽、江西、福建、台湾、湖北、湖南、广东、广西、贵州、四川、云南。生于海拔200～2600m山坡、山谷、溪边、河旁、路边的密林、疏林或混交林中。

【繁殖】扦插、播种或高空压条。

【应用】性强健，生长快，花洁白，具芳香，常用于路边、林缘、草地等处丛植、片植观赏，也可作绿篱、绿墙。

阳桃

Averrhoa carambola
五敛子、洋桃、羊桃
酢浆草科阳桃属

【识别要点】乔木，高可达12m，分枝甚多。树皮暗灰色，内皮淡黄色。奇数羽状复叶，互生，全缘，卵形或椭圆形，顶端渐尖，基部圆，一侧歪斜。花小，微香，数朵至多朵组成聚伞花序或圆锥花序，自叶腋出或着生于枝干上，花枝和花蕾深红色；萼片5，覆瓦状排列，花瓣略向背面弯卷。浆果肉质，下垂，有5棱，很少6或3棱，横切面呈星芒状，淡绿色或蜡黄色，有时带暗红色；种子黑褐色。

【花果期】花期4～12月；果期7～12月。

【产地】广东、广西、福建、台湾、云南。原产马来西亚、印度尼西亚。现广植于热带各地。

【繁殖】播种、嫁接、压条。

【应用】果实奇特，色泽美观，园林中常用于路边、墙垣边或建筑旁栽培观赏，也可大型盆栽绿化阳台、天台。

假槟榔

Archontophoenix alexandrae
亚历山大椰子、槟榔葵
棕榈科假槟榔属

【识别要点】常绿乔木，高达
10～25m。叶羽状全裂，聚生于茎
顶，羽片呈2列排列；叶鞘膨大而
抱茎，形成明显的冠茎。圆锥花序
生于叶鞘下，下垂，多分枝；花雌
雄同株，白色。果实卵球形，熟时
红色。

【花果期】花期4～5月；果期
4～7月。

【产地】澳大利亚东部。

【繁殖】播种。

【应用】树
干通直，叶大挺
拔，四季常青，
为岭南地区著名
风景树种之一。
多植于路边、水
滨、庭院、草坪
四周等处作风景
树或作行道树。

槟榔

Areca catechu
槟榔子、青仔
棕榈科槟榔属

【识别要点】茎直立，乔木状，高10m以上，最高可达30m，有明显的环状叶痕。叶簇生于茎顶，羽片多数，两面无毛，狭长披针形，上部的羽片合生，顶端有不规则齿裂。雌雄同株，花序多分枝，着生1~2列雄花，而雌花单生于分枝的基部；雄花小，通常单生。果实长圆形或卵球形，橙黄色。

【花果期】3~4月。

【产地】云南、海南及台湾等热带地区。亚洲热带地区广泛栽培。

【繁殖】播种。

【应用】株形秀美，为著名热带树种，果大供观赏，可用于棕榈专类园或植于园路边、庭园一隅等观赏。

三药槟榔

Areca triandra
丛立椰子
棕榈科槟榔属

【识别要点】常绿小乔木，株高4～7m。叶为羽状复叶，侧生羽叶有时与顶生叶合生。肉穗花序，多分枝，雌雄同株，基部为雌花。果实橄榄形，熟时橙色或赭色。

【花果期】花期春季；果期8～9月。
【产地】印度、马来西亚等热带地区。
【繁殖】播种、分株。

【应用】株形秀丽，叶形美观，果实红艳，适合公园、庭院、小区等路边、山石边、草地边缘及一隅栽培观赏。

短穗鱼尾葵

Caryota mitis
酒椰子
棕榈科鱼尾葵属

【识别要点】小乔木，高
5 ～ 8m。叶片淡绿色，楔形或斜楔
形，外缘笔直，内缘1/2以上弧曲
成不规则的齿缺，且延伸成尾尖或
短尖。花序短，具密集穗状的分枝
花序；雄花花瓣狭长圆形，淡绿色；
雌花萼片宽倒卵形。果实球形，成
熟时紫红色。

【花果期】花期4 ～ 6月；果期8 ～ 11月。

【产地】海南。越南、缅甸、印度、马来西亚、菲律宾、印度尼西亚也有。

【繁殖】播种、分株。

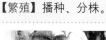

【应用】株形美观，叶形奇特，状似鱼尾，果繁密，极为可爱，园林中应用广泛，
适合植于路边、建筑物旁或一隅观赏；茎的髓心含淀粉，可供食用；花序液汁含糖分，
供制糖或酿酒。

蒲葵

Livistona chinensis
葵树、蒲树、扇叶葵
棕榈科蒲葵属

【识别要点】常绿乔木，株高10～20m。叶大，圆扇形，厚革质，掌状深裂，裂片多达70枚，先端2裂，下垂。花序腋生，花黄色。果实椭圆形，熟时紫黑色。

【花果期】4月。

【产地】我国南部。中南半岛也有。

【繁殖】播种。

【应用】冠形优美，叶大如扇，极为美观，常南方常见的观叶植物，园林中常用于路边、草地中群植或列植，也可用作行道树、风景树。

象鼻棕

Raphia vinifera
酒椰
棕榈科酒椰属

【识别要点】茎直立，中等乔木状，高达5～10m。叶为羽状全裂，羽片线形。多个花序从顶部叶腋中同时抽出，粗壮，下垂，长1～4m，整个花序轴被许多大苞片状佛焰苞包着，每个佛焰苞内着生1个穗状花序。果实椭圆形或倒卵球形。

【花果期】花期3～5月；果期为第三年的3～10月。

【产地】原产非洲热带地区。

【繁殖】播种。

【应用】树形优美，花序奇特，观赏价值较高，是优良的绿化观赏树种，适合岭南地区南部的公园、绿地列植或丛植观赏。

黄花海桐

Hymenosporum flavum
黄花香荫树、黄海桐花
海桐花科香荫树属

【识别要点】常绿乔木，株高可达8m，在热带雨林也可长至20m。小枝纤细，椭圆状长圆形，长7～15cm，两端交替分组。叶片深绿色，有光泽。伞房花序，萼片黄绿色，花瓣白色，后期转黄。果实为蒴果。

【花果期】春季。

【产地】原产于澳大利亚和新几内亚。

【繁殖】播种。

【应用】耐寒性好，花美丽，华南植物园有引种，适合公园、花园、绿地、风景区等植于路边观赏，群植或列植效果均佳。

罗汉松

Podocarpus macrophyllus
罗汉杉、土杉
罗汉松科罗汉松属

【识别要点】乔木，高达20m，胸径达60cm。叶螺旋状着生，条状披针形，微弯，先端尖，基部楔形，上面深绿色，有光泽，中脉显著隆起，下面带白色、灰绿色或淡绿色。雄球花穗状，腋生，常3～5个簇生于极短的总梗上；雌球花单生叶腋。种子卵圆形，先端圆，熟时肉质假种皮紫黑色，有白粉，种托肉质圆柱形，红色或紫红色。

【花果期】花期4～5月；种子8～9月成熟。

【产地】江苏、浙江、福建、安徽、江西、湖南、四川、云南、贵州、广西、广东等地。栽培于庭园作观赏树，野生的树木极少。日本也有。

【繁殖】播种、嫁接。

【应用】冠形优美，果奇特，园林中常用于建筑物旁、路边、草地中栽培观赏，孤植、对植或列植景观效果均佳。

红花银桦

Grevillea banksii
昆士兰银桦
山龙眼科银桦属

【识别要点】常绿乔木，株高可达7m。叶互生，2回羽状开裂复叶，不对称，叶片光滑，叶背被毛。顶生穗状花序，单生或聚生，深粉红色。果实为蓇葖果。

【花果期】盛花期春、夏；果期秋季。
【产地】澳大利亚的昆士兰。
【繁殖】播种。

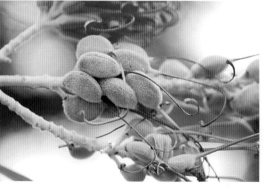

【应用】花奇特，花叶均具较高的观赏价值，是优良的观花树种，在岭南地区已广泛应用，常用于公园、庭园及风景区栽培观赏，丛植、单植效果均佳。

澳洲坚果

Macadamia ternifolia
澳洲胡桃、粗壳澳洲坚果
山龙眼科澳洲坚果属

【识别要点】乔木，高5～15m。叶革质，通常3枚轮生或近对生，长圆形至倒披针形，顶端急尖至圆钝，有时微凹，基部渐狭；每侧边缘具疏生齿约10个，成龄树的叶近全缘。总状花序腋生或近顶生，花淡黄色或白色。果实球形，种子通常球形。

【花果期】花期4～5月；果期7～8月。
【产地】原产澳大利亚的东南部热带雨林中，现世界热带地区有栽种。
【繁殖】播种。

【应用】果为著名干果，常作水果栽培，也可用于庭园的路边、阶旁、一隅等栽培观赏，也可用于水果专类园。

毛棉杜鹃

Rhododendron moulmainense

白杜鹃、丝线吊芙蓉
杜鹃花科杜鹃属

【识别要点】灌木或小乔木，高2～4（～8）m。叶厚革质，集生枝端，近于轮生，长圆状披针形或椭圆状披针形，先端渐尖至短渐尖，基部楔形或宽楔形，边缘反卷，上面深绿色，叶脉凹陷，下面淡黄白色或苍白色。花序生枝顶叶腋，每花序有花3～5朵；花萼小，裂片5，花冠淡紫色、粉红色或淡红白色，狭漏斗形，5深裂，裂片开展。蒴果圆柱状。

【花果期】花期4～5月；果期7～12月。

【产地】江西、福建、湖南、广东、广西、四川、贵州和云南。生于海拔700～1500m的灌丛或疏林中。中南半岛、印度尼西亚也有。

【繁殖】播种、嫁接。

【应用】花大色美，为生于海拔较低类型的高山杜鹃，目前岭南园林中尚无应用，可驯化引种至公园及景区种植观赏。

桃

Amygdalus persica
陶古日、桃花
蔷薇科桃属

【识别要点】乔木，高3～8m。树冠宽广而平展，树皮暗红褐色。叶片长圆披针形、椭圆披针形或倒卵状披针形，先端渐尖，基部宽楔形，上面无毛，下面在脉腋间具少数短柔毛或无毛，叶边具锯齿。花单生，先于叶开放；萼筒钟形；萼片卵形至长圆形，顶端圆钝；花瓣长圆状椭圆形至宽倒卵形，粉红色，罕为白色。果实形状和大小均有变异，卵形、宽椭圆形或扁圆形，色泽变化由淡绿白色至橙黄色，常在向阳面具红晕，外面密被短柔毛。

【花果期】花期2～3月；果实成熟期因品种而异。

【产地】原产我国，各地广泛栽培。世界各地均有栽植。

【繁殖】播种、扦插或嫁接。

【应用】桃的栽培品种繁多，南北均有种植，常见栽培的品种有碧桃、菊花桃、紫叶桃、寿星桃等，在园林中应用广泛，适合丛植、列植、单植或片植于路边、草坪、水岸边或墙隅等处观赏。

豆梨

Pyrus calleryana
糖梨、杜梨
蔷薇科梨属

【识别要点】乔木，高5～8m。小枝粗壮，圆柱形，在幼嫩时有茸毛，2年生枝条灰褐色。叶片宽卵形至卵形，稀长椭卵形，先端渐尖，稀短尖，基部圆形至宽楔形，边缘有钝锯齿。伞形总状花序，具花6～12朵；花萼片披针形，先端渐尖，全缘；花瓣卵形，白色。梨果球形，黑褐色，有细长果梗。

【花果期】花期4月；果期8～9月。

【产地】山东、河南、江苏、浙江、江西、安徽、湖北、湖南、福建、广东、广西。生于海拔80～1 800m温暖潮湿气候的山坡、平原或山谷杂木林中。

【繁殖】播种。

【应用】先花后叶，开花繁茂，花朵洁白，花开后新叶吐放，具有较高的观赏性，且适应性强，可植于园路边、庭院观赏、孤植、列植均宜。

紫叶李

Prunus cerasifera f. atropurpurea
樱李
蔷薇科李属

【识别要点】灌木或小乔木，高可达8m；多分枝，枝条细长。叶片椭圆形、卵形或倒卵形，极稀椭圆状披针形，先端急尖，基部楔形或近圆形，边缘有圆钝锯齿，有时混有重锯齿，叶紫色。花瓣白色，长圆形或匙形，边缘波状，基部楔形，着生在萼筒边缘。核果近球形或椭圆形，红色微被蜡粉。

【花果期】花期4月；果期8月。
【产地】为栽培变型，我国南北均有栽培。
【繁殖】扦插、嫁接。

【应用】为庭园习见观赏树木之一，适合华南地区气候较寒冷地区栽培，为少见的色叶树种，可三五株丛植于草坪或植于园路边观赏。

李

Prunus salicina

嘉庆子

蔷薇科李属

【识别要点】落叶乔木，高9～12m。树冠广圆形，树皮灰褐色。叶片长圆倒卵形、长椭圆形，稀长圆卵形，先端渐尖、急尖或短尾尖，基部楔形，边缘有圆钝重锯齿，常混有单锯齿。花通常3朵并生，无毛；萼片长圆卵形；花瓣白色，长圆倒卵形，先端啮蚀状，基部楔形，有明显带紫色脉纹。核果球形、卵球形或近圆锥形。

【花果期】花期2～3月；果期7～8月。

【产地】西南、陕西、甘肃、湖南、湖北、江苏、浙江、江西、福建、广东、广西和台湾。生于海拔400～2 600m山坡灌丛中、山谷疏林中或水边、沟底、路旁等处。

【繁殖】嫁接、播种。

【应用】花稠密，数量多，洁白，果可食，均具有较高的观赏性，适合公园、风景区或庭院栽培观赏。

小尤第木 *Evodiella muelleri*

芸香科小尤第木属

【识别要点】常绿小乔木，高4～8m。指状复叶，对生，小叶3，纸质，阔披针形，先端尖，基部楔形，全缘。花序簇生于枝干上，花粉红色，萼片粉色，宿存。果实近球形，淡黄绿色，上密布腺点。

【花果期】花期春季；果期秋季。
【产地】原产澳大利亚昆士兰，巴布亚新几内亚有分布。
【繁殖】播种。

【应用】为老茎生花植物，极为奇特，花果均有较高观赏价值，华南植物园有引种，适合庭园种植观赏。

九里香

Murraya exotica
石桂树
芸香科九里香属

【识别要点】小乔木，高可达8m。枝白灰或淡黄灰色，但当年生枝绿色。叶有小叶3～7片，小叶倒卵形或倒卵状椭圆形，两侧常不对称，顶端圆或钝，有时微凹，基部短尖，一侧略偏斜，边全缘。花序通常顶生，或顶生兼腋生，为短缩的圆锥状聚伞花序；花白色，芳香；萼片卵形；花瓣5片，长椭圆形，盛花时反折。果实橙黄至朱红色。

【花果期】花期4～8月，也有秋后开花；果期9～12月。

【产地】台湾、福建、广东、海南、广西。常见于离海岸不远的平地、缓坡、小丘的灌木丛中。

【繁殖】播种、扦插。

【应用】花洁白芳香，果实红艳，均有观赏价值，为岭南地区著名的观花、观果树种，园林中常用作绿篱或孤植栽培观赏，也可制作成盆景欣赏。

泡桐

Paulownia fortunei
白花泡桐
玄参科泡桐属

【识别要点】乔木，高达30m。树冠圆锥形，主干直，胸径可达2m。叶片长卵状心脏形，有时为卵状心脏形，顶端长渐尖或锐尖头。小聚伞花序有花3～8朵，花冠管状漏斗形，白色，仅背面稍带紫色或浅紫色，管部在基部以上不突然膨大，而逐渐向上扩大，内部密布紫色细斑块。蒴果长圆形或长圆状椭圆形。

【花果期】花期3～4月；果期7～8月。

【产地】安徽、浙江、福建、台湾、江西、湖北、湖南、四川、云南、贵州、广东、广西。野生或栽培，生于低海拔的山坡、林中、山谷及荒地，可达海拔2 000m。越南、老挝也有。

【繁殖】播种。

【应用】树干通直，为优良的速生树种，繁花满树，有较高的观赏价值，但目前岭南地区园林应用不多，可用作风景树或行道树。

大花茄 *Solanum wrightii*
茄科茄属

【识别要点】常绿小乔木。小枝及叶柄具刚毛及星状分枝的硬毛或刚毛以及粗而直的皮刺。叶片常羽状半裂，裂片为不规则的卵形或披针形，上面粗糙，具刚毛状的单毛，下面被粗糙的星状毛。花非常大，组成二歧侧生的聚伞花序；花冠粉红色，5裂，每个裂片外面中部披针形部分被毛，内面中间部分宽而光滑。果实为浆果。

【花果期】花期几乎全年，主要花期春季。
【产地】原产南美玻利维亚至巴西，现热带、亚热带地区广泛栽培。
【繁殖】扦插、播种。

【应用】为茄科中少见的大型植物，株形美观，花色淡雅，叶片奇特，适合孤植于公园、小区、庭院及水岸边欣赏，现华南地区有少量栽培。

八宝树 *Duabanga grandiflora*
海桑科八宝树属

【识别要点】乔木。树皮褐灰色，板状根不甚发达。枝下垂、螺旋状或轮生于树干上。叶阔椭圆形、矩圆形或卵状矩圆形，顶端短渐尖，基部深裂成心形，裂片圆形。花5～6基数，萼筒阔杯形，花瓣近卵形，雄蕊极多数，2轮排列。果实为蒴果。

【花果期】花期春季；果期夏季。

【产地】云南南部。生于海拔900～1 500m的山谷或空旷地。印度、缅甸、泰国、老挝、柬埔寨、越南、马来西亚、印度尼西亚也有。

【繁殖】播种、扦插、高空压条。

【应用】枝条悬垂，株形美观，花大洁白，习性强健，在岭南地区常见种植，适合孤植、列植作行道树或园景树。

掌叶苹婆

Sterculia foetida
香苹婆
梧桐科苹婆属

【识别要点】常绿乔木。叶聚生于小枝顶端，为掌状复叶，小叶椭圆状披针形。圆锥花序着生于新枝的近顶部，萼红紫色，5深裂几至基部，裂片椭圆状披针形，向外广展。蓇葖果木质。

【花果期】花期4～5月。

【产地】东南亚、澳大利亚、非洲热带。

【繁殖】播种、扦插、高空压条。

【应用】叶形优美，小花色艳，目前岭南有少量栽培，园林中可用于路边、建筑物旁栽培观赏。

假苹婆

Sterculia lanceolata
鸡冠木
梧桐科苹婆属

【识别要点】乔木。小枝幼时被毛。叶椭圆形、披针形或椭圆状披针形，顶端急尖，基部钝形或近圆形，上面无毛，下面几无毛。圆锥花序腋生，密集且多分枝；花淡红色，萼片5枚，向外开展如星状，矩圆状披针形或矩圆状椭圆形，顶端钝或略有小短尖突。蓇葖果鲜红色，长卵形或长椭圆形，顶端有喙；种子黑褐色。

【花果期】花期4～6月；果期7～9月。

【产地】广东、广西、云南、贵州和四川。在华南山野间很常见，喜生于山谷溪旁。缅甸、泰国、越南、老挝也有。

【繁殖】播种。

【应用】性强健，抗性佳，近年来岭南地区广泛应用，挂果时间长，极为美丽，多用作公园、绿地、校园、社区等地的行道树或风景树。

乔木

苹婆

Sterculia monosperma
凤眼果、七姐果
梧桐科苹婆属

【识别要点】乔木。树皮褐黑色，小枝幼时略有星状毛。叶薄革质，矩圆形或椭圆形，顶端急尖或钝，基部浑圆或钝，两面均无毛。圆锥花序顶生或腋生，柔弱且披散，萼片初时乳白色，后转为淡红色，钟状，5裂，裂片条状披针形，先端渐尖且向内曲，在顶端互相粘合。蓇葖果鲜红色，厚革质，矩圆状卵形；种子椭圆形或矩圆形，黑褐色。

【花果期】花期4～5月，8～9月可再次开花；9～10月果实成熟。

【产地】广东、广西、福建、云南和台湾。广州附近和珠江三角洲多有栽培。印度、越南、印度尼西亚也有分布，多为人工栽培。

【繁殖】扦插。

【应用】冠形优美，花奇特，叶翠绿，果艳丽，现在园林中应用较为广泛，多片植、孤植或列植用作庭荫树、风景树或行道树。

土沉香

Aquilaria sinensis
白木香、沉香、莞香
瑞香科沉香属

【识别要点】乔木，高5～15m。树皮暗灰色，几平滑，纤维坚韧。叶革质，圆形、椭圆形至长圆形，有时近倒卵形，先端锐尖或急尖而具短尖头，基部宽楔形。花芳香，黄绿色，多朵，组成伞形花序；花瓣10，鳞片状，着生于花萼筒喉部，密被毛。蒴果果梗短，卵球形，幼时绿色，顶端具短尖头；种子褐色，卵球形。

【花果期】花期春夏；果期夏秋。
【产地】广东、海南、广西、福建。喜生于低海拔的山地、丘陵以及路边阳处疏林中。
【繁殖】播种、扦插。

【应用】花观赏价值一般，在园林中有少量应用，可用作绿化树，为科普教育的良好材料。

鸭嘴花

Adhatoda vasica
野靛叶、大还魂
爵床科鸭嘴花属

【识别要点】大灌木，高达1～3m。枝圆柱状，灰色，有皮孔。叶纸质，矩圆状披针形至披针形，或卵形或椭圆状卵形，顶端渐尖，有时稍呈尾状，基部阔楔形，全缘。穗状花序卵形或稍伸长，萼裂片5，矩圆状披针形，花冠白色，有紫色条纹或粉红色。蒴果近木质。

【花果期】花期春夏。

【产地】广东、广西、海南、澳门、香港、云南等地。栽培或逸为野生。分布于亚洲东南部。

【繁殖】扦插、播种。

【应用】性强健，耐瘠、耐热，岭南地区偶见应用，适于公园、绿地等丛植，也可作大型绿篱。

金叶拟美花

Pseuderanthemum carruthersii
拟美花
爵床科山壳骨属

【识别要点】常绿灌木，株高0.5~2m。叶对生，广披针形至倒披针形，叶缘具不规则缺刻。新叶色金黄，后转为黄绿或翠绿。花顶生，白色。果实为蒴果。

【花果期】花期春、夏季。
【产地】波利尼西亚。
【繁殖】扦插。

【应用】新叶金黄，色泽艳丽，在岭南地区有引种，园林中较少应用，可用于庭院、公园等丛植或片植观赏，也可与其他观叶植物配置。

金脉爵床

Sanchezia nobilis
黄脉爵床
爵床科黄脉爵床属

【识别要点】常绿直立灌木，株高50~80cm。叶对生，无叶柄，阔披针形，先端渐尖，基部宽楔形，叶缘具锯齿。圆锥花序顶生，花管状，黄色，并具红色的苞片。果实为蒴果。

【花果期】花期春、夏季。

【产地】厄瓜多尔。

【繁殖】扦插。

【应用】叶脉金黄，花奇特，为少见的观赏叶脉花卉，特别适合岭南地区栽培，可用于公园、绿地、风景区及庭院等的路边、墙垣边或水岸边栽培观赏，也适合与其他观花、观叶植物配置。

紫玉盘

Uvaria macrophylla
油椎、酒饼木
番荔枝科紫玉盘属

【识别要点】直立灌木，高约2m，枝条蔓延性。叶革质，长倒卵形或长椭圆形，顶端急尖或钝，基部近心形或圆形。花1～2朵，与叶对生，暗紫红色或淡红褐色；萼片阔卵形；花瓣内外轮相似，卵圆形，顶端圆或钝。果实卵圆形或短圆柱形，暗紫褐色；种子圆球形。

【花果期】花期3～8月；果期7月至翌年3月。

【产地】广西、广东及台湾。生于低海拔灌木丛中或丘陵山地疏林中。越南及老挝也有。

【繁殖】播种。

【应用】为岭南地区的乡土树种，叶色美观、花果可赏，适应性强，目前园林中只有少量栽培，可引入公园、绿地及庭园种植观赏。

羊角拗

Strophanthus divaricatus
羊角扭、断肠草
夹竹桃科羊角拗属

【识别要点】灌木，高达2m。叶薄纸质，椭圆状长圆形或椭圆形，顶端短渐尖或急尖，基部楔形，边缘全缘或有时略带波状。聚伞花序顶生，通常着花3朵，花黄色，花冠漏斗状，花冠筒淡黄色，花冠裂片黄色外弯，基部卵状披针形，顶端延长成一长尾带状。蓇葖果广叉开，木质，椭圆状长圆形，顶端渐尖，基部膨大。

【花果期】花期3～7月；果期6月至翌年2月。

【产地】贵州、云南、广西、广东及福建等地。生于丘陵山地、路边疏林中或山坡灌丛中。越南、老挝也有。

【繁殖】播种及扦插。

【应用】花繁密，花瓣长尾状，极为奇特，有较高的观赏价值。因全株有毒，尤以种子为甚，误食可致死，目前在园林中较少应用，适合植于游人不易接触到的山石边、坡地等观赏。可入药，可做强心剂，治血管硬化、跌打扭伤、风湿性关节炎、蛇咬伤等症。

秤星树

Ilex asprella
梅叶冬青、假青梅、灯花树
冬青科冬青属

【识别要点】落叶灌木，高达3m。叶膜质，在长枝上互生，在缩短枝上1～4枚簇生枝顶，卵形或卵状椭圆形，先端尾状渐尖，基部钝至近圆形，边缘具锯齿。雄花序2或3花呈束状或单生于叶腋或鳞片腋内，花4或5基数，花冠白色，辐状；雌花序单生于叶腋或鳞片腋内，花4～6基数，花冠辐状，花瓣近圆形。果实球形，熟时变黑色。

【花果期】花期3月；果期4～10月。

【产地】浙江、江西、福建、台湾、湖南、广东、广西及香港等地。生于海拔400～1000m的山地疏林中或路旁灌丛中。菲律宾也有。

【繁殖】播种、扦插。

【应用】花小洁白，果繁密，具有一定的观赏性，且习性强健，适应性强，为岭南地区常见的乡土树种，目前在园林中应用较少，可引种用于园路边、坡地、墙垣等处栽培观赏，片植、群植效果均佳。

南天竹

Nandina domestica
蓝田竹
小檗科南天竹属

【识别要点】 常绿小灌木。茎常丛生而少分枝，高1～3m。幼枝常为红色，老后呈灰色。叶互生，集生于茎的上部，3回羽状复叶，2～3回羽片对生；小叶薄革质，椭圆形或椭圆状披针形，顶端渐尖，基部楔形，全缘。圆锥花序直立，花小，白色，具芳香。果实熟时鲜红色，稀橙红色；种子扁圆形。

【花果期】 花期3～6月；果期5～11月。

【产地】 福建、浙江、山东、江苏、江西、安徽、湖南、湖北、广西、广东、四川、云南、贵州、陕西、河南。生于山地林下沟旁、路边或灌丛中，海拔1 200m以下。日本也有分布。北美东南部有栽培。

【繁殖】 播种、扦插或分株。

【应用】 秋季叶片变红，是华南地区少见的色叶树种，小花繁茂，果实艳丽，为优良的乡土树种，园林中可用于山石旁、园路边、滨水岸边、庭前或墙角处，多丛植。根与叶具有强筋活络、消炎解毒之效，果为镇咳药。

澳洲米花 *Ozothamnus diosmifolius*
米花
菊科煤油草属

灌
木

【识别要点】 常绿灌木，株高可达
2m。叶小、线形、互生。小花簇生于末
端分枝上，通常白色，也有粉红色。果
实为瘦果。

【花果期】春季。
【产地】澳大利亚。我国华南引种
栽培。
【繁殖】播种、扦插。

【应用】花开时节，满树洁白的小花
生于枝顶，素雅洁净，有较高的观赏性。
近年来，华南植物园将澳洲米花引入广
州，可用于公园、绿地或庭院的路边、
山石边、草地中或边缘种植观赏，适合
与其他花灌木配植。

105

岭南春季花木

红尾铁苋

Acalypha reptans
猫尾红
大戟科铁苋菜属

【识别要点】常绿小灌木，株高20cm左右。叶互生，卵圆形，先端渐尖，基部楔形，边缘具锯齿。柔荑花序，具毛，红色。果实为蒴果。

【花果期】花期春至秋季。
【产地】西印度群岛。
【繁殖】扦插。

【应用】适应性强，长势繁茂，且花序极为美观，在岭南地区栽培较为广泛，可于公园、风景区或庭院的园路边、草坪边缘、林缘、山石边或临水岸边片植观赏，也可盆栽用于阳台、窗台绿化。

守宫木

Sauropus androgynus
天绿香、木枸杞
大戟科守宫木属

【识别要点】灌木，高1～3m。叶片近膜质或薄纸质，卵状披针形、长圆状披针形或披针形，顶端渐尖，基部楔形、圆形或截形。雄花1～2朵腋生，或几朵与雌花簇生于叶腋；雌花通常单生于叶腋；花萼6深裂，裂片红色，倒卵形或倒卵状三角形。蒴果扁球状或圆球状，乳白色，宿存花萼红色；种子三棱状，黑色。

【花果期】花期4～7月；果期7～12月。

【产地】印度、斯里兰卡、老挝、柬埔寨、越南、菲律宾、印度尼西亚和马来西亚等。

【繁殖】扦插。

【应用】常作蔬菜栽培。研究表明，本种有毒，不建议食用。花果可供观赏，适合植于墙垣边、路边作绿篱。

黄牛木

Cratoxylum cochinchinense
黄牛茶、芽木
藤黄科黄牛木属

【识别要点】落叶灌木或乔木，高1.5～18（～25）m。枝条对生，幼枝略扁，无毛，淡红色。叶片椭圆形至长椭圆形或披针形，先端骤然锐尖或渐尖，基部钝形至楔形，坚纸质，两面无毛，上面绿色，下面粉绿色。聚伞花序腋生或腋外生及顶生，有花2～3朵；萼片椭圆形，先端圆形；花瓣粉红、深红至红黄色，倒卵形。蒴果椭圆形，棕色，无毛。

【花果期】花期4～5月；果期6月以后。

【产地】广东、广西及云南。生于海拔1 240m的丘陵或山地的干燥阳坡上的次生林或灌丛中。东南亚也有。

【繁殖】播种、扦插。

【应用】性强健，易栽培，小花有较高的观赏价值，且嫩叶可作茶叶代用品，适合用于庭园、风景区的山石边、池畔等地绿化。全株入药，味甘淡、微苦，性凉，可用于感冒、发热、肠炎等治疗。

蚊母树

Distylium racemosum
米心树、蚊母
金缕梅科蚊母树属

【识别要点】常绿灌木或中乔木。嫩枝有鳞垢，老枝秃净，干后暗褐色。叶革质，椭圆形或倒卵状椭圆形，先端钝或略尖，基部阔楔形，上面深绿色，发亮，下面初时有鳞垢，以后变秃净。总状花序长约2cm，花雌雄同在一个花序上，雌花位于花序的顶端；萼筒短，萼齿大小不相等，被鳞垢；雄蕊5～6枚，红色。蒴果卵圆形，先端尖；种子卵圆形，深褐色。

【花果期】花期春季；果期秋季。
【产地】福建、浙江、台湾、广东、海南。亦见于朝鲜及日本琉球。
【繁殖】扦插。

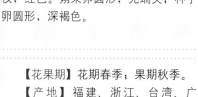

【应用】枝叶密集，株形美观，叶色浓绿，经冬不凋，小花具有观赏性，目前岭南地区应用较少，适合植于路旁、庭前草坪及山石边，丛植、片植效果均佳。也可作绿篱。

红花檵木

Loropetalum chinense var. *rubrum*
红花继木
金缕梅科檵木属

【识别要点】灌木，有时为小乔木，多分枝，小枝有星毛。叶革质，卵形，先端尖锐，基部钝，不等侧，上面略有粗毛或秃净，全缘。花3～8朵簇生，有短花梗，红色，比新叶先开放，或与嫩叶同时开放，萼筒杯状，花瓣4片，带状。蒴果卵圆形；种子圆卵形，黑色。

【花果期】花期3～5月；果期9～10月。
【产地】湖南长沙岳麓山。现我国广泛栽培。

【应用】为著名的观花观叶植物，是华南地区少量的色叶树种之一，适合公园、绿地及庭园等栽培观赏，也常修剪为绿篱。栽培的原种为檵木（*Loropetalum chinense*），花白色。

石海椒

Reinwardtia indica
迎春柳
亚麻科石海椒属

【识别要点】小灌木，高达1m。树皮灰色，无毛，枝干后有纵沟纹。叶纸质，椭圆形或倒卵状椭圆形，先端急尖或近圆形，有短尖，基部楔形，全缘或有圆齿状锯齿，表面深绿色，背面浅绿色。花序顶生或腋生，或单花腋生；花有大有小，萼片5，分离，披针形，同一植株上的花的花瓣有5片有4片，黄色，分离，旋转排列。蒴果球形，3裂，每裂瓣有种子2粒；种子具膜质翅，翅长稍短于蒴果。

【花果期】4～12月，直至翌年1月。广州花期主要为冬季。

【产地】湖北、福建、广东、广西、四川、贵州和云南。生于海拔550～2 300m的林下、山坡灌丛、路旁和沟坡潮湿处，常喜生于石灰岩土壤上。东南亚等地也有。

【应用】本种花色金黄，极为繁密，是优良的春季观花灌木，多用于水岸边、路边、林缘等地与其他花灌木配植。

醉鱼草

Buddleja lindleyana
闭鱼花、毒鱼草
马钱科醉鱼草属

【识别要点】灌木，高1~3m。茎皮褐色；小枝具四棱，棱上略有窄翅。叶对生，萌芽枝条上的叶为互生或近轮生；叶片膜质，卵形、椭圆形至长圆状披针形，顶端渐尖，基部宽楔形至圆形，边缘全缘或具有波状齿。穗状聚伞花序顶生；花紫色，芳香；花萼钟状，裂片宽三角形；花冠管弯曲，花冠裂片阔卵形或近圆形。果序穗状；萌果长状或椭圆状；种子淡褐色，小，无翅。

【花果期】花期4~10月；果期8月至翌年4月。

【产地】江苏、安徽、浙江、江西、福建、湖北、湖南、广东、广西、四川、贵州和云南等地。生于海拔200~2700m山地路旁、河边灌木丛中或林缘。

【繁殖】播种、扦插、压条。

【应用】性强健，花期长，具芳香，适宜园林中用于路边、坡地或山石边种植观赏，也可作绿篱或作地被。目前岭南地区较少应用。

虾仔花

Woodfordia fruticosa
吴福花
千屈菜科虾子花属

【识别要点】灌木，高3～5m，有长而披散的分枝。叶对生，近革质，披针形或卵状披针形，顶端渐尖，基部圆形或心形，上面通常无毛，下面被灰白色短柔毛。花1～15朵组成短聚伞状圆锥花序；萼筒花瓶状，鲜红色；花瓣小而薄，淡黄色，线状披针形，与花萼裂片等长。蒴果膜质，线状长椭圆形，种子甚小，卵状或圆锥形，红棕色。

【花果期】花期春季。

【产地】广东、广西及云南。常生于山坡路旁。越南、缅甸、印度、斯里兰卡、印度尼西亚及马达加斯加也有。

【繁殖】播种、扦插。

【应用】花色鲜艳，花形别致，极似一个个煮熟的虾仔附于枝干上，观赏性强，适合庭院、公园的路边、池畔或山石边丛植观赏。

含笑

Michelia figo
含笑花
木兰科含笑属

【识别要点】常绿灌木，高2～3m。树皮灰褐色，分枝繁密。芽、嫩枝、叶柄、花梗均密被黄褐色茸毛。叶革质，狭椭圆形或倒卵状椭圆形，先端钝短尖，基部楔形或阔楔形。花直立，淡黄色而边缘有时红色或紫色，具甜浓的芳香；花被片6，肉质，较肥厚，长椭圆形。聚合果，蓇葖卵圆形或球形，顶端有短尖的喙。

【花果期】花期3～5月；果期7～8月。

【产地】原产华南南部地区，广东鼎湖山有野生，生于阴坡杂木林中，溪谷沿岸尤为茂盛。现广植于全国各地。在长江流域各地需在温室越冬。

【繁殖】播种、高空压条、扦插或嫁接。

【应用】花姿优美芳香，为岭南地区常见的观赏花木，多用于庭院、疏林下或园路边栽培，也可盆栽室内观赏；花瓣可用于熏茶，也可提取芳香油。

云南含笑

Michelia yunnanensis
皮袋香
木兰科含笑属

【识别要点】灌木，枝叶茂密，高可达4m。芽、嫩枝、嫩叶上面及叶柄、花梗密被深红色平伏毛。叶革质，狭倒卵状椭圆形，先端圆钝或短急尖，基部楔形，上面深绿色，有光泽，下面常残留平伏毛。花梗粗短；花白色，极芳香；花被片6～12（17）片，倒卵形，内轮的狭小，花丝白色。聚合果通常仅5～9个蓇葖发育，蓇葖扁球形，顶端具短尖，种子1～2粒。

【花果期】花期3～4月；果期8～9月。

【产地】云南。生于海拔1 100～2 300m的山地灌丛中。

【繁殖】播种、高空压条或嫁接。

【应用】花洁白芳香，园林中常用于林缘、路边栽培，也适合庭院丛植观赏。

展毛野牡丹

Melastoma normale
猪姑稔
野牡丹科野牡丹属

【识别要点】灌木。茎钝四棱形或近圆柱形，分枝多，密被平展的长粗毛及短柔毛，毛常为褐紫色。叶片坚纸质，卵形至椭圆形或椭圆状披针形，顶端渐尖，基部圆形或近心形，全缘，5基出脉，叶面密被糙伏毛，基出脉下凹，侧脉不明显。伞房花序生于分枝顶端，具花3～7（10）朵，基部具叶状总苞片2；苞片披针形至钻形；花瓣紫红色，倒卵形，顶端圆形，仅具缘毛。蒴果坛状球形，顶端平截，宿存萼与果贴生。

【花果期】花期春至夏初；果期秋季。

【产地】西藏、四川、福建至台湾以南地区。生于海拔150～2800m的开阔山坡灌草丛中或疏林下，为酸性土常见植物。尼泊尔、印度、缅甸、马来西亚及菲律宾等地也有。

【繁殖】播种、扦插。

【应用】株形美观，花大色艳，性强健，园林中常见应用，适合路边、坡地或荒地绿化栽培。

矮紫金牛

Ardisia humilis
大叶春不老
紫金牛科紫金牛属

灌
木

【识别要点】灌木，高1～2m，有时达5m。茎粗壮，无毛，有皱纹。叶片革质，倒卵形，稀倒披针形，顶端广急尖至钝，基部楔形，微下延。金字塔形的圆锥花序着生于粗壮的侧生特殊花枝顶端，花瓣粉红色或红紫色，广卵形或卵形，顶端急尖。果实球形，暗红色至紫黑色，具腺点。

【花果期】花期3～4月；果期11～12月。
【产地】广东。海拔40～1100m的山间、坡地林下或开阔的坡地。
【繁殖】播种。

【应用】花序大而美丽，果红艳，有较强的观赏性，岭南地区有少量应用，可用于公园、花园及风景区等路边种植观赏。

美花红千层 *Callistemon citrinus*
桃金娘科红千层属

【识别要点】灌木，高1～2m。树皮暗灰色，不易剥离。幼枝和幼叶有白色柔毛。叶互生，条形，长3～8cm，宽2～5mm，坚硬，无毛，有透明腺点，中脉明显，无柄。穗状花序，有多数密生的花；花红色，无梗；萼筒钟形，裂片5，脱落；花瓣5，脱落；雄蕊多数，红色；子房下位。果实为蒴果。

【花果期】花期春、秋。
【产地】澳大利亚的昆士兰。
【繁殖】扦插。

【应用】株形美观，花序紧凑，花期长，观赏效果好，为岭南地区近年来引进的优良观花树种。多用于造园作景观树种，可作绿篱，也可孤植或列植于路边、草地。

皇帝红千层

Callist emon 'King's Park'
国王红千层
桃金娘科红千层属

【识别要点】常绿大灌木，植株高可达4m。叶互生，披针形，先端尖，基部楔形。叶柄淡黄色。顶生穗状花序瓶刷状，深红色，雌雄同花。果实为蒴果。

【花果期】花期春季。
【产地】澳大利亚。
【繁殖】扦插。

【应用】花开灿烂，鲜红醒目，花形奇特，观赏价值较高，适合公园、绿地、校园、社区等路边及滨水岸边绿化，目前岭南地区较少栽培。

岩生红千层 *Callistemon pearsonii 'Rocky Rambler'*
桃金娘科红千层属

【识别要点】常绿灌木，植株低矮，多匍匐生长，高约60cm。叶互生，纸质，披针形或窄线形。穗状花序顶生，花两性，红色。果实为蒴果。

【花果期】花期春季。

【产地】园艺种。原种产澳大利亚昆士兰。

【繁殖】扦插。

【应用】株型低矮，古朴雅致，花序极为艳丽，现广州有少量引种，可用于公园、庭院及绿地等的山石边或沙生植物区栽培观赏。

红果仔

Eugenia uniflora
番樱桃
桃金娘科番樱桃属

【识别要点】灌木或小乔木，高可达5m，全株无毛。叶片纸质，卵形至卵状披针形，先端渐尖或短尖，基部圆形或微心形，上面绿色发亮，下面颜色较浅，两面无毛，有无数透明腺点。花白色，稍芳香，单生或数朵聚生于叶腋；萼片4，长椭圆形，外翻。浆果球形，有8棱，熟时深红色，有种子1～2颗。

【花果期】花期春季。
【产地】原产巴西。我国南部有少量栽培。
【繁殖】播种、扦插。

【应用】花洁白，成熟时红色，观赏性佳，现在广州等地栽培较多，适合庭园、风景区、社区等路边、草坪等处栽培观赏。果肉多汁，稍带酸味，可食，维生素C含量较高，在原产地多用于食用，也可做调味品、果酱、果冻等。红果仔引入到百慕大后大量自繁，已成为入侵物种。

灌木

121

黄金香柳

Melaleuca bracteata 'Revolution Gold'
千层金
桃金娘科白千层属

【识别要点】多年生常绿小灌木，嫩枝红色。叶互生，叶片革质，披针形至线形，具油腺点，金黄色。穗状花序，花瓣绿白色。果实为蒴果。

【花果期】花期春季。
【产地】栽培种。
【繁殖】扦插。

【应用】叶色金黄，株形美观，为优良的观叶灌木，适合公园、绿地等山石边、路边或一隅栽培观赏。盆栽适合大型厅堂摆放装饰。

桃金娘

Rhodomyrtus tomentosa

岗棯

桃金娘科桃金娘属

【识别要点】灌木，高1～2m。嫩枝有灰白色柔毛。叶对生，革质，椭圆形或倒卵形，先端圆或钝，常微凹入，有时稍尖，基部阔楔形。花有长梗，常单生，紫红色；萼管倒卵形；萼裂片5，近圆形；花瓣5，倒卵形。浆果卵状壶形，熟时紫黑色。

【花果期】花期4～5月。

【产地】台湾、福建、广东、广西、云南、贵州及湖南。生于丘陵坡地。中南半岛、菲律宾、日本、印度、斯里兰卡、马来西亚及印度尼西亚等地也有。

【繁殖】播种、压条。

【应用】性强健，花美丽，果可赏可食，具有野性美，园林中常用于园路边、坡地及林下绿化，也可用于生态环境建设工程，如山坡复绿、水土保持等。

年青蒲桃 *Xanthostemon youngii*
桃金娘科金蒲桃属

【识别要点】常绿灌木。叶革质，具光泽，椭圆形，先端尖，基部楔形，初生叶鲜红色，老叶暗绿色。花簇生，红色，花药金黄色。果实为蒴果。

【花果期】花期春至秋；果期秋至冬。
【产地】澳大利亚昆士兰州。渐危植物。
【繁殖】播种、扦插。

【应用】岭南地区有少量引种。本种花色艳丽，花期长，是公园、庭院、社区等绿化的优良材料，群植、孤植或片植景观效果均佳。

苦槛蓝

Pentacoelium bontioides
苦槛盘
苦槛蓝科苦槛蓝属

【识别要点】常绿灌木，高1～2m。茎直立，多分枝，小枝圆柱状。叶互生，叶片软革质，稍多汁，狭椭圆形、椭圆形至倒披针状椭圆形，先端急尖或短渐尖，常具小尖头，边缘全缘，基部渐狭。聚伞花序具2～4朵花，或为单花，腋生；花冠漏斗状钟形，5裂，白色，有紫色斑点。核果卵球形，先端有小尖头，熟时紫红色，多汁。

【花果期】花期4～6月；果期5～7月。

【产地】浙江、福建、台湾、广东、香港、广西、海南。生于海滨潮汐带以上沙地或多石地灌丛中。日本、越南也有。

【繁殖】播种。

【应用】花美丽，适合用于沙地种植或滨海地区种植，也常用于海岸植物专类园。

金雀花

Genista spachiana
小金雀
豆科染料木属

【识别要点】常绿灌木，小枝互生。3小叶，互生。总状花序簇生叶腋；花冠黄色；旗瓣阔卵形，先端凹，与翼瓣等长；龙骨瓣狭长圆形，稍呈镰状。果实为荚果。

【花果期】花期春至夏。
【产地】非洲。
【繁殖】扦插。

【应用】花繁盛，但不耐热，宜在岭南北部地区应用，可植于园路边、墙垣边欣赏，也可用作花篱，还常盆栽用于室内绿化。

桂叶黄梅

Ochna integerrima
金莲木、米老鼠花
金莲木科金莲木属

【识别要点】落叶灌木或小乔木，高
2~7m。小枝灰褐色。叶纸质，椭圆形、
倒卵状长圆形或倒卵状披针形，顶端急尖
或钝，基部阔楔形，边缘有小锯齿。花序
近伞房状，生于短枝的顶部；花萼片长
圆形，顶端钝，开放时外反，结果时呈
暗红色；花瓣5片，有时7片，倒卵形，
顶端钝或圆。果实为核果，顶端钝，基部
微弯。

【花果期】花期3~4月；果期5~6月。

【产地】广东、海南和广西。生于海拔300~1 400m山谷石旁和溪边较湿润的空
旷地方。印度、巴基斯坦、缅甸、泰国、马来西亚、柬埔寨和越南南部也有。

【繁殖】播种、高空压条。

【应用】花色艳丽，萼片宿存，果
黑色，酷似卡通米老鼠，观赏性极高，
适合公园、绿地、社区等路边、墙垣边
栽培，可群植、孤植欣赏。

海桐

Pittosporum tobira
山矾
海桐花科海桐花属

【识别要点】常绿灌木或小乔木，高达6m。嫩枝被褐色柔毛，有皮孔。叶聚生于枝顶，革质，嫩时上下两面有柔毛，以后变秃净，倒卵形或倒卵状披针形。伞形花序或伞房状伞形花序顶生或近顶生，密被黄褐色柔毛；花白色，有芳香，后变黄色；萼片卵形，花瓣倒披针形。蒴果圆球形；种子多数，多角形，红色。

【花果期】花期4～5月；果期10月。
【产地】长江以南滨海各省。内地多为盆栽供观赏。日本、朝鲜也有。
【繁殖】扦插、播种。

【应用】花洁白，叶色光亮，园林中常见栽培，适合孤植、丛植于草坪边缘、路旁、池畔、山石边等地，也可盆栽用于室内观赏。对二氧化硫等有害气体有较强的抗性，是厂矿区绿化的良好树种。

鱼骨葵

Arenga tremula

散尾棕、香桄榔、山棕、矮桄榔

棕榈科桄榔属

【识别要点】丛生灌木。叶羽状裂，裂片互生，边缘具锯齿；叶绿色，具光泽。雌雄同株异序，雄花黄色，雌花花瓣及萼片覆瓦状排列。果实为浆果，成熟后红色。

【花果期】花期4～6月；果期6月至翌年3月。

【产地】亚洲热带地区。

【繁殖】播种、分株。

【应用】株形美观，果实红艳，挂果时间长，为优良的观叶、观果植物，适合丛植于公园、绿地的路边、建筑旁观赏。

灌木

牡丹 *Paeonia suffruticosa*
毛茛科芍药属

【识别要点】落叶灌木。茎高达2m。叶通常为2回3出复叶，偶尔近枝顶的叶为3小叶；顶生小叶宽卵形，3裂至中部，裂片不裂或2～3浅裂；侧生小叶狭卵形或长圆状卵形，不等2裂至3浅裂或不裂。花单生枝顶，苞片5，长椭圆形，大小不等；萼片5，绿色，宽卵形，大小不等；花瓣5，或为重瓣，玫瑰色、红紫色、粉红色至白色，通常变异很大。蓇葖果长圆形，密生黄褐色硬毛。

【花果期】花期4～5月；果期夏、秋。
【产地】可能由产自我国陕西延安一带的矮牡丹引种而来，目前世界各地广泛栽培。
【繁殖】嫁接、播种。

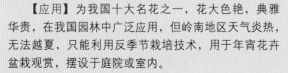

【应用】为我国十大名花之一，花大色艳，典雅华贵，在我国园林中广泛应用，但岭南地区天气炎热，无法越夏，只能利用反季节栽培技术，用于年宵花卉盆栽观赏，摆设于庭院或室内。

齿缘吊钟花

Enkianthus serrulatus
白吊钟、齿叶吊钟花
杜鹃花科吊钟花属

【识别要点】落叶灌木或小乔木，高2～6m。叶密集枝顶，厚纸质，长圆形或长卵形，先端短渐尖或渐尖，基部宽楔形或钝圆，边缘具细锯齿，不反卷。伞形花序顶生，每花序上有花2～6朵；花下垂，结果时直立，变粗壮，长可达3cm；花萼绿色，萼片5，花冠钟形，白绿色，口部5浅裂，裂片反卷。蒴果椭圆形，种子瘦小。

【花果期】花期4月；果期5～7月。

【产地】浙江、江西、福建、湖北、湖南、广东、广西、四川、贵州、云南。生于海拔 800～1 800m的山坡。

【繁殖】播种。

【应用】花美丽，似串串小灯悬于枝间，目前岭南地区园林中没有应用，可引种至公园、绿地等栽培观赏。

长萼马醉木

Pieris swinhoei
大萼马醉木
杜鹃花科马醉木属

【识别要点】灌木，高2～3m。树皮灰褐色，纵裂。小枝纤细，微被柔毛。叶簇生枝顶，革质，狭披针形，先端短渐尖，基部狭楔形，边缘在中部以上具疏锯齿。总状花序或圆锥花序着生枝顶或叶腋，直立，萼片长，革质，披针形；花冠白色，筒状坛形。蒴果近球形。

【花果期】花期4～6月；果期7～9月。
【产地】福建、广东、香港。生于灌丛中。
【繁殖】播种。

【应用】花繁茂，奇特美丽，现园林应用较少，可引种至公园、校园、风景区及庭院等地植于园路边观赏。

锦绣杜鹃

Rhododendron pulchrum
毛鹃、鲜艳杜鹃
杜鹃花科杜鹃属

灌
木

【识别要点】 半常绿灌木，高
1.5～2.5m。枝开展。叶薄革质，椭圆状
长圆形至长圆状倒披针形，先端钝尖，基
部楔形，边缘反卷，全缘，上面深绿色，
下面淡绿色。伞形花序顶生，有花1～5
朵；花萼大，绿色，5深裂，裂片披针形；
花冠玫瑰紫色，阔漏斗形，裂片5，阔卵
形，具深红色斑点。蒴果长圆状卵球形，
被刚毛状糙伏毛，花萼宿存。

【花果期】花期4～5月；果期9～10
月。

【产地】江苏、浙江、江西、福建、
湖北、湖南、广东和广西。

【繁殖】扦插。

【应用】为著名栽培种，开花繁盛，
应用广泛，是春季重要观花树种，园林中
常用于疏林下、路边、山石边及水岸边栽
培观赏，也可盆栽用于厅堂观赏。

133

杜鹃

Rhododendron simsii
映山红、山踯躅、山石榴
杜鹃花科杜鹃属

【识别要点】落叶灌木，高2（~5）m。分枝多而纤细，密被亮棕褐色扁平糙伏毛。叶革质，常集生于枝端，卵形、椭圆状卵形、倒卵形至倒披针形，先端短渐尖，基部楔形或宽楔形，边缘微反卷，具细齿，上面深绿色，下面淡白色。花2~3（6）朵簇生枝顶；花萼5深裂，裂片三角状长卵形，边缘具睫状毛；花冠阔漏斗形或倒卵形，玫瑰色、鲜红色或暗红色，上部裂片具深红色斑点。蒴果卵球形。

【花果期】花期4~5月；果期6~8月。

【产地】江苏、安徽、浙江、江西、福建、台湾、湖北、湖南、广东、广西、四川、贵州和云南。生于海拔500~1 200（~2 500）m的山地疏灌丛或松林下，为我国中南及西南典型的酸性土指示植物。

【繁殖】扦插。

【应用】为著名的观花植物，先花后叶，花朵繁密，色泽艳丽，在岭南地区常见栽培，多用于溪边、池畔、岩石旁或路边栽培观赏，也可作背景材料，或作花篱栽培。

火棘

Pyracantha fortuneana
火把果、救军粮
蔷薇科火棘属

【识别要点】常绿灌木，高达3m。侧枝短，先端成刺状。叶片倒卵形或倒卵状长圆形，先端圆钝或微凹，有时具短尖头，基部楔形，下延连于叶柄，边缘有钝锯齿，齿尖向内弯，近基部全缘，两面皆无毛。花集成复伞房花序，萼筒钟状，萼片三角卵形，花瓣白色，近圆形。果实近球形，橘红色或深红色。

【花果期】花期4～5月；果期9～11月。

【产地】陕西、河南、江苏、浙江、福建、湖北、湖南、广西、贵州、云南、四川、西藏。生于海拔500～2 800m山地、丘陵地阳坡灌丛草地及河沟路旁。

【繁殖】播种、扦插或高空压条。

【应用】枝叶繁茂，花洁白如雪，果实红艳，为著名的观果植物，岭南地区多盆栽，用于居家摆设。

石斑木

Raphiolepis indica
春花、车轮梅
蔷薇科石斑木属

【识别要点】常绿灌木，稀小乔木，高可达4m。叶片集生于枝顶，卵形、长圆形、稀倒卵形或长圆披针形，先端圆钝、急尖、渐尖或长尾尖，基部渐狭连于叶柄，边缘具细钝锯齿。顶生圆锥花序或总状花序，总花梗和花梗被锈色茸毛；萼片5，三角披针形至线形；花瓣5，白色或淡红色，倒卵形或披针形。果实球形，紫黑色。

【花果期】花期4月；果期7～8月。

【产地】安徽、浙江、江西、湖南、贵州、云南、福建、广东、广西、台湾。生于海拔150～1 600m山坡、路边或溪边灌木林中。日本、老挝、越南、柬埔寨、泰国和印度尼西亚也有。

【繁殖】播种、扦插。

【应用】性强健，株形美观，花繁叶茂，为春季常见观花灌木，多用于溪边、路边、山石边栽培，常丛植或孤植造型观赏，也是优良的水土保持树种。

栀子

Gardenia jasminoides
水横枝、山黄枝
茜草科栀子属

【识别要点】灌木，高0.3～3m。嫩枝常被短毛，枝圆柱形，灰色。叶对生，革质，稀为纸质，少为3枚轮生；叶形多样，通常为长圆状披针形、倒卵状长圆形或椭圆形，顶端渐尖、骤然长渐尖或短尖而钝，基部楔形或短尖，两面常无毛。花冠白色或乳黄色，高脚碟状，喉部有疏柔毛；冠管狭圆筒形，顶部5～8裂，通常6裂，裂片广展，倒卵形或倒卵状长圆形。果实卵形、近球形、椭圆形或长圆形，黄色或橙红色。

白 蟾

【花果期】花期3～7月；果期5月至翌年2月。

【产地】山东、湖北、湖南、华东、华南、西南。生于海拔10～1 500m处的旷野、丘陵、山谷、山坡、溪边的灌丛或林中。日本、朝鲜、东南亚、太平洋岛屿和美洲北部也有。

【繁殖】扦插。

花叶栀子

【应用】四季常青，花色洁白，花香四溢，深得大家喜爱。多用于布置庭院、家庭盆栽或制作栀子盆景等，是我国家庭广泛栽培的优良树种。常见栽培的变种及品种有白蟾（*G. jasminoides* var. *fortuniana*）、花叶栀子（*G. jasminoides* 'Variegata'）。

白 蟾

粗栀子 *Gardenia scabrella*
茜草科栀子属

【识别要点】常绿灌木或小乔木，株高可达6m。叶对生，长椭圆形，先端钝，基部楔形，绿色，叶脉明显，全缘。花单生于枝端或叶腋，花瓣6，白色。果实为浆果。

【花果期】花期春至夏。
【产地】澳大利亚。
【繁殖】扦插。

【应用】花色洁白，具芳香，目前园林较少应用，适合公园、绿地或风景区的路边、山石边或草地边缘栽培观赏，盆栽可摆放于阳台、窗台等处欣赏。

灌

木

黄花曼陀罗 *Brugmansia pittieri*
茄科木曼陀罗属

【识别要点】多年生灌木，株高可达数米。叶片长卵状披针形，全缘或疏锯齿。花筒状，黄色。果实为蒴果。

【花果期】花期全年，春、夏最盛。
【产地】美洲。我国引种栽培。
【繁殖】扦插、播种。

【应用】性强健，花大美丽，花期长，宜植于庭院、公园、绿地等的路边、墙垣边、林缘、山石边绿化；全株有毒，花与种子毒性最强。

岭南春季花木

苦郎树

Clerodendrum inerme
许树、假茉莉、海常山
马鞭草科大青属

【识别要点】攀缘状灌木，直立或平卧，高可达2m。叶对生，薄革质，卵形、椭圆形或椭圆状披针形、卵状披针形，顶端钝尖，基部楔形或宽楔形，全缘。聚伞花序通常由3朵花组成，花香，花萼钟状；花冠白色，顶端5裂，裂片长椭圆形。核果倒卵形。

【花果期】3～12月。

【产地】福建、台湾、广东、广西。常生长于海岸沙滩和潮汐能至的地方。印度、东南亚至大洋洲北部也有。

【繁殖】播种、扦插。

【应用】花美丽，耐盐性好，可用作我国南部沿海防沙造林树种，或用于海岸边景区、公园绿化。

假连翘

Duranta repens
篱笆树
马鞭草科假连翘属

【识别要点】灌木，高1.5～3m。幼枝有柔毛。叶对生，少有轮生，叶片卵状椭圆形或卵状披针形，纸质，顶端短尖或钝，基部楔形，全缘或中部以上有锯齿。总状花序顶生或腋生，常排成圆锥状；花萼管状，5裂；花冠通常蓝紫色，5裂，裂片平展。核果球形，无毛，熟时红黄色。

金叶假连翘

金叶假连翘

【花果期】5～10月，在南方可为全年。
【产地】原产美洲热带地区。我国南部常见栽培，常逸为野生。
【繁殖】扦插。

【应用】性强健，花期长，果金黄，观赏性佳，常丛植于一隅或用作地被植物，也常用作绿篱。常见栽培的品种有金叶假连翘（*Duranta repens* 'Golden Leaves'）、花叶假连翘（*Duranta repens* 'Variegata'）。

花叶假连翘

火筒树

Leea indica
印度火筒树、祖公柴、五指枫
葡萄科火筒树属

【识别要点】直立灌木。小枝圆柱形，纵棱纹钝，无毛。叶为2～3回羽状复叶，小叶椭圆形、长椭圆形或长椭圆披针形，顶端渐尖或尾尖，基部圆形，稀阔楔形，边缘有不整齐或微不整齐锯齿，齿急尖。花序与叶对生，复二歧聚伞花序或二级分枝集生成伞形；萼筒坛状，萼片三角形，花冠裂片椭圆形。

【花果期】花期4～7月；果期8～12月。

【产地】广东、广西、海南、贵州、云南。生于海拔200～1 200m山坡、溪边林下或灌丛中。分布较广，从南亚到大洋洲北部均有。

【繁殖】播种。

【应用】花果均具有较高的观赏性，岭南地区有少量栽培，适用于庭园一隅、绿地等处丛植观赏。

樟叶山牵牛

Thunbergia laurifolia
樟叶老鸦嘴、桂叶山牵牛
爵床科山牵牛属

【识别要点】高大藤本，枝叶无毛。茎枝近四棱形，具沟状凸起。叶具叶柄，叶片长圆形至长圆状披针形，先端渐尖，具较长的短尖头，基部圆或宽楔形，边缘全缘或具不规则波状齿，近革质，上面及背面的脉及小脉间具泡状凸起，3出脉。总状花序顶生或腋生，花冠管和喉白色，冠檐淡蓝色，冠檐裂片圆形，花药内藏于喉中部。果实为蒴果。

【花果期】花期春至秋季。
【产地】中南半岛及马来半岛。我国广东、台湾等地引种栽培。
【繁殖】分株、根茎扦插。

【应用】花形奇特，美丽，具有较高的观赏性，可用于公园、社区、庭院等棚架、花廊、花架绿化，也可用于墙壁、山石美化。

紫果猕猴桃

Actinidia arguta var. *purpurea*
软枣猕猴桃
猕猴桃科猕猴桃属

【识别要点】大型落叶藤本。小枝基本无毛或幼嫩时星散地薄被柔软茸毛；隔年枝灰褐色，洁净无毛或部分表皮呈污灰色皮屑状。叶纸质，卵形或长方椭圆形，顶端急尖，基部圆形，或为阔楔形、截平形至微心形，两侧常不对称；边缘锯齿浅且圆，齿尖常内弯。花序腋生或腋外生，1～2回分枝，着花1～7朵；花淡绿色，花药黑色。果熟时紫红色，柱状卵珠形，长2～3.5cm，顶端有喙，萼片早落。

【花果期】花期春季；果期秋季。
【产地】云南、贵州、四川、陕西、湖北、湖南、广西等地。生于海拔700～3600m的山林中、溪旁或湿润处。

【应用】适应性强，花量大，可用于公园、绿地、景区的大型棚架、绿廊等栽培观赏，也可用于藤本植物专类园。

中华猕猴桃

Actinidia chinensis
羊桃、猕猴桃
猕猴桃科猕猴桃属

【识别要点】大型落叶藤本。幼枝被灰白色茸毛或褐色长硬毛或铁锈色硬毛状刺毛，老时秃净或留有断损残毛。叶纸质，倒阔卵形至倒卵形或阔卵形至近圆形，顶端截平形并中间凹入或具突尖、急尖至短渐尖，基部钝圆形、截平形至浅心形，边缘具脉出的直伸睫状小齿。聚伞花序着花1～3朵；花初放时白色，后变淡黄色，有香气；萼片3～7枚，通常5枚，阔卵形至卵状长圆形；花瓣5枚，有时少至3～4枚或多至6～7枚。果实黄褐色，近球形、圆柱形、倒卵形或椭圆形。

【花果期】花期春季；果期秋季。
【产地】原产中国。世界各地广为栽培。
【繁殖】播种、扦插。

【应用】为著名水果，常用于园林绿化，适合大型棚架、绿廊等栽培观赏。也可用于水果或藤本植物专类园。

大花紫玉盘

Uvaria grandiflora
山椒子、山芭蕉罗
番荔枝科紫玉盘属

【识别要点】攀缘灌木，长3m。全株密被黄褐色星状柔毛至茸毛。叶纸质或近革质，长圆状倒卵形，顶端急尖或短渐尖，有时有尾尖，基部浅心形。花单朵，与叶对生，紫红色或深红色；萼片膜质，宽卵圆形；花瓣卵圆形或长圆状卵圆形，长和宽一般为萼片的2～3倍。果实长圆柱状，顶端有尖头；种子卵圆形，扁平。

【花果期】花期3～11月；果期5～12月。

【产地】广东南部及其岛屿。生于低海拔灌木丛中或丘陵山地疏林中。东南亚也有。

【繁殖】播种。

【应用】花大美艳，果实奇特，为美丽的乡土树种，目前广州仅在植物园等有少量栽培，可引种用于庭园的绿地、山石边、棚架处栽培观赏。

大花软枝黄蝉

Allemanda cathartica var. *hendersonii*

夹竹桃科黄蝉属

【识别要点】常绿攀缘灌木。叶纸质，椭圆形、卵圆形或倒卵形。花序着花4～5朵；花萼裂片叶片状，椭圆形至卵圆形；花冠比原种大，橙黄色，喉部具5个发亮的斑点。蒴果球形，种子扁平。

【花果期】花期春、夏两季为盛，有时秋季亦能开花；果期冬季至翌年春季。

【产地】原产乌拉圭，现广植于热带和亚热带地区。我国广东、福建和台湾等省的庭园中有栽培。

【繁殖】播种、扦插。

【应用】花大色艳，极美丽，在岭南地区栽培极盛，常用于小型棚架或整形成灌木用于庭园绿化。

清明花

Beaumontia grandiflora
炮弹果、比蒙藤
夹竹桃科清明花属

【识别要点】高大藤本。枝幼时有锈色柔毛，老时无毛。茎有皮孔。叶长圆状倒卵形，长6～15cm，宽3～8cm，顶端短渐尖。聚伞花序顶生，着花3～5朵，有时更多；花萼裂片长圆状披针形或倒卵形至倒披针形；花冠白色。蓇葖果形状多变，内果皮亮黄色。

【花果期】花期春夏季；果期秋冬季。
【产地】云南。生于山地林中。广西、广东、福建及海南有栽培。
【繁殖】播种、扦插。

【应用】花开时节正值清明，故名。本种花大繁密，洁白素雅，有极高的观赏性。岭南地区少见栽培，可引种于大型棚架、绿廊立体绿化，也可植于庭院的棚架或墙垣边观赏。根和叶供药用，可治风湿性腰腿痛、骨折、跌打损伤等。

络石

Trachelospermum jasminoides

万字茉莉、石龙藤
夹竹桃科络石属

【识别要点】常绿木质藤本，长达10m，具乳汁。茎赤褐色，圆柱形。叶革质或近革质，椭圆形至卵状椭圆形或宽倒卵形，顶端锐尖至渐尖，有时微凹或有小凸尖，基部渐狭至钝，叶面无毛，叶背被疏短柔毛，老渐无毛。二歧聚伞花序腋生或顶生，花多朵组成圆锥状，与叶等长或较长；花白色，芳香。蓇葖双生，叉开，无毛，线状披针形，先端渐尖；种子多颗，褐色，线形。

【花果期】花期3～7月；果期7～12月。

【产地】除东北、西藏、西北部分地区外的全国大部分地区。生于路边、林缘、溪边等处。日本、朝鲜及越南也有。

【繁殖】播种、扦插及压条。

【应用】为我国常见的乡土植物，花开繁茂，花白似雪，具芳香，园林中少见栽培，可引种用于附树、附石栽培，也可用于园路边、林下作地被栽培观赏。

花叶蔓长春花
Vinca major 'Variegata'
夹竹桃科蔓长春花属

【识别要点】蔓性半灌木。茎偃卧，花茎直立。叶椭圆形，长2～6cm，宽1.5～4cm，先端急尖，基部下延，叶的边缘白色，有黄白色斑点。花单朵腋生，花萼裂片狭披针形，花冠蓝色，花冠筒漏斗状，花冠裂片倒卵形。果实为蓇葖果。

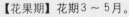

【花果期】花期3～5月。

【产地】原产欧洲南部和非洲北部。喜生于潮湿的灌木丛及林地中。我国江苏、浙江和台湾等地有栽培。

【繁殖】扦插。

【应用】叶色光亮，花色雅致，多用于公园、庭院的路边、坡地、花坛等栽培观赏，也常用作地被植物，盆栽可用于阳台、窗台或书房等处装饰。

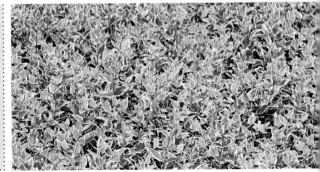

木本马兜铃 *Aristolochia arborea*
马兜铃科马兜铃属

【识别要点】木质藤本，高可达5～6m。叶椭圆形，革质，互生，先端尖，基部楔形。花簇生于老茎基部，有腐肉臭味；花冠未展开时似蚌，展开时兜状，外面棕褐色，具黄绿色网状脉纹，内面紫红色，小裂片白色舌状；喉部特化成紫红色小蘑菇状。果实为蒴果。

【花果期】花期4～7月。
【产地】墨西哥热带雨林中。
【繁殖】播种。

【应用】花着生于基部茎干上，极为奇特，可用于庭园、风景区等处的小型棚架、绿廊或花架等立体绿化。

巨花马兜铃 *Aristolochia grandiflora*
马兜铃科马兜铃属

【识别要点】大型木质藤本。茎粗糙，具棱，蔓长可达10m。叶互生，卵状心形，全缘，顶端尖，基部心形，具叶柄。花单生，着于老茎上，花大，紫褐色，具白色斑点。果实为蒴果。

【花果期】花期春季。
【产地】巴西。
【繁殖】播种。

【应用】花大，花形奇特，适合大型花架、绿廊、绿篱栽培观赏，是学校、公园、小区及庭院绿化的优良材料。

广西马兜铃

Aristolochia kwangsiensis
大叶马兜铃、大百解薯
马兜铃科马兜铃属

【识别要点】木质大藤本，具块根。嫩茎有棱，密被污黄色或淡棕色长硬毛。叶厚纸质至革质，卵状心形或圆形。顶端钝或短尖，基部宽心形，弯缺深3～5cm，边全缘。总状花序腋生，有花2～3朵，常向下弯垂，花被管筒状，上面蓝紫色而有暗红色的棘状突起，喉部近圆形，黄色。蒴果暗黄色。

【花果期】花期4～5月；果期8～9月。

【产地】广西、云南、四川、贵州、湖南、浙江、广东、福建等地。生于海拔600～1 600m山谷林中。

【繁殖】播种。

【应用】花姿奇特，具有较高的观赏性，适合公园、庭院的棚架、花架、廊架等绿化栽培，盆栽可用于阳台、天台绿化。

球兰

Hoya carnosa
爬岩板、铁脚板
萝藦科球兰属

【识别要点】攀缘灌木，附生于树上或石上。叶对生，肉质，卵圆形至卵圆状长圆形，顶端钝，基部圆形；侧脉不明显，约有4对。聚伞花序腋生，着花约30朵；花白色，花冠辐状，副花冠星状，外角急尖，中脊隆起。蓇葖果线形，光滑。

斑叶球兰

【花果期】花期4～6月；果期7～8月。

【产地】云南、广东、广西、福建及台湾等地。生于平原或山地，附于树上或石上生长。

【繁殖】扦插、压条。

斑叶球兰

【应用】为著名观赏植物，在热带及亚热带广泛种植，多附生于山石或树干上栽培，也适合居家阳台、窗台种植。常见栽培的有斑叶球兰（*Hoya carnosa* var. *marmorata*）。

连理藤 *Clytostoma callistegioides*
紫葳科连理藤属

【识别要点】常绿藤本。3出复叶，顶小叶变态成单一卷须攀缘，小叶椭圆状长圆形，全缘。圆锥花序顶生或腋生，花冠漏斗形钟状，花冠淡紫色。果实为蒴果，种子扁平具翅。

【花果期】春至夏。
【产地】原产巴西、阿根廷。
【繁殖】播种或扦插。

【应用】为著名庭园植物，岭南地区较少栽培，适合棚架、篱垣栽培。

猫爪藤 *Macfadyena unguis-cati*
紫葳科猫爪藤属

【识别要点】常绿攀缘藤本。茎纤细、平滑；卷须与叶对生，顶端分裂成3枚钩状卷须。叶对生，小叶2枚，稀1枚，长圆形，长3.5～4.5cm，宽1.2～2cm，顶端渐尖，基部钝。花单生或组成圆锥花序，有花2～5朵，花萼钟状，近于平截，花冠钟状至漏斗状，黄色，檐部裂片5，近圆形，不等大。蒴果长线形，扁平。

【花果期】花期4月；果期6月。
【产地】原产西印度群岛及墨西哥、巴西、阿根廷。我国广东、福建均有栽培。
【繁殖】播种。

【应用】花金黄秀美，适应性强，具有较强的入侵性，可用于庭园、绿地的棚架绿化或附树生长。

王妃藤

Ipomoea horsfalliae
王子薯
旋花科番薯属

【识别要点】多年生常绿蔓性藤本，深褐色。叶互生，掌状深裂，小叶3～5枚，长椭圆形至披针形，革质，具光泽。花腋生，花冠喇叭状，先端5裂，红色。果实为蒴果。

【花果期】花期春至秋；果期秋、冬。
【产地】西印度群岛。
【繁殖】播种、扦插。

【应用】花姿优雅，花期长，岭南地区有少量种植，适合小型花架、棚架、篱垣种植观赏，也可盆栽用于阳台、天台绿化。

老鼠拉冬瓜

Zehneria japonica
马交儿、野梢瓜
葫芦科马㼎儿属

【识别要点】攀缘或平卧草本。茎、枝纤细，疏散，有棱沟，无毛。叶柄细，叶片膜质，多型，三角状卵形、卵状心形或戟形、不分裂或3～5浅裂。雌雄同株。雄花单生或稀2～3朵生于短的总状花序上，花冠淡黄色；雌花在与雄花同一叶腋内单生或稀双生，花冠阔钟形。果梗纤细；果实长圆形或狭卵形，两端钝，外面无毛，成熟后橘红色或红色；种子灰白色，卵形。

【花果期】花期4～7月；果期7～10月。

【产地】四川、湖北、安徽、江苏、浙江、福建、江西、湖南、广东、广西、贵州和云南。常生于海拔500～1 600m的林中阴湿处以及路旁、田边及灌丛中。日本、朝鲜、越南、印度半岛、印度尼西亚、菲律宾也有。

【繁殖】播种。

【应用】园林中尚没有种植。花小美丽，果实繁密，有一定观赏性，可引种至篱垣、花架等栽培观赏。

嘉氏羊蹄甲

Bauhinia galpinii
南非羊蹄甲、红花羊蹄甲、橙花羊蹄甲
豆科羊蹄甲属

【识别要点】攀缘灌木。叶坚纸质，近圆形，先端2裂达叶长的 $1/5 \sim 1/2$，裂片顶端钝圆，基部截平至浅心形。聚伞花序伞房状，侧生，花瓣红色，倒匙形。荚果长圆形。

【花果期】花期4～11月；果期7～12月。
【产地】南非。
【繁殖】播种。

【应用】花叶俱美，为优良的庭园树种，岭南地区有少量使用，可用于路边、墙垣或池畔栽培观赏，适合片植。

喙荚云实

Caesalpinia minax
南蛇簕
豆科云实属

【识别要点】有刺藤本，各部被短柔毛。2回羽状复叶，羽片5～8对；小叶6～12对，椭圆形或长圆形，端圆钝或急尖，基部圆形，微偏斜，两面沿中脉被短柔毛。总状花序或圆锥花序顶生，花瓣5，白色，有紫色斑点，倒卵形，先端圆钝，基部靠合。荚果长圆形，先端圆钝而有喙，果瓣表面密生针状刺，有种子4～8颗；种子椭圆形，与莲子相仿。

【花果期】花期4～5月；果期7月。

【产地】广东、广西、云南、贵州、四川。生于海拔400～1 500 m山沟、溪旁或灌丛中。

【繁殖】播种。

【应用】抗性强，花序大而美丽，果实也可观赏，适合路边、篱垣、山石边或附树栽培观赏。

春云实

Caesalpinia vernalis
乌爪簕藤
豆科云实属

【识别要点】有刺藤本，各部被锈色茸毛。2回羽状复叶，叶轴有刺，被柔毛；羽片8～16对，小叶6～10对，对生，革质，卵状披针形、卵形或椭圆形，先端急尖，基部圆形。圆锥花序生于上部叶腋或顶生，多花；花瓣黄色，上面一片较小，外卷，有红色斑纹。荚果斜长圆形；种子2颗，斧形。

【花果期】花期4月；果期12月。
【产地】广东、福建南部和浙江南部。生于山沟湿润的沙土上或岩石旁。
【繁殖】播种、扦插。

【应用】花繁茂，花量大，目前园林中有少量应用，适合小型棚架、绿廊、墙垣等栽培观赏。

禾雀花

Mucuna birdwoodiana
白花油麻藤
豆科黎豆属

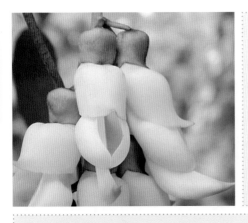

【识别要点】常绿、大型木质藤本。老茎外皮灰褐色，断面淡红褐色。羽状复叶具3小叶，小叶近革质，顶生小叶椭圆形、卵形或略呈倒卵形，通常较长而狭，先端具渐尖头，基部圆形或稍楔形，侧生小叶偏斜。总状花序生于老枝上或生于叶腋，常呈束状；花冠白色或带绿白色。果实木质，带形，近念珠状；种子深紫黑色，近肾形。

【花果期】花期3～6月；果期6～11月。

【产地】江西、福建、广东、广西、贵州、四川等地。生于海拔800～2 500m的山地阳处、路旁、溪边，常攀缘在乔木或灌木上。

【繁殖】播种、扦插。

【应用】为著名的观花藤本，花形奇特，着花量大，观赏价值高，多用于公园、绿地、风景区等大型棚架绿化，也可植于大树之间，任其攀爬，花序悬于树干之间，颇具野趣。

大果油麻藤

Mucuna macrocarpa
血藤、青山笼
豆科黎豆属

　　【识别要点】大型木质藤本。茎具纵棱脊和褐色皮孔，被伏贴灰白色或红褐色细毛。羽状复叶具3小叶，小叶纸质或革质，顶生小叶椭圆形、卵状椭圆形、卵形或稍倒卵形，先端急尖或圆，具短尖头，很少微缺，基部圆或稍微楔形；侧生小叶极偏斜。花序通常生在老茎上，花多聚生于顶部，每节有2～3花，常有恶臭；花冠暗紫色，但旗瓣带绿白色。果实木质，带形，近念珠状，直或稍微弯曲。

　　【花果期】花期4～5月；果期6～7月。
　　【产地】云南、贵州、广东、海南、广西、台湾。生于海拔800～2 500m的山地或河边常绿或落叶林中，或开阔灌丛和干沙地上。印度、尼泊尔、缅甸、泰国、越南和日本也有。
　　【繁殖】播种、扦插。

　　【应用】花形奇特，串串奇花着生于老干之上，极为美丽，适合大型棚架、花架、绿廊绿化，也是大树垂直绿化的优良材料。

紫藤 *Wisteria sinensis*
豆科紫藤属

【识别要点】落叶藤本。茎左旋，枝较粗壮，嫩枝被白色柔毛，后秃净。奇数羽状复叶，小叶3～6对，纸质，卵状椭圆形至卵状披针形，上部小叶较大，基部1对最小，先端渐尖至尾尖，基部钝圆或楔形，或歪斜。总状花序；花芳香，花萼杯状，密被细绢毛，花冠紫色，旗瓣圆形，先端略凹陷，花开后反折，翼瓣长圆形，基部圆，龙骨瓣较翼瓣短，阔镰形。荚果倒披针形，密被茸毛，种子褐色，具光泽，圆形。

【花果期】花期4月中旬至5月上旬；果期5～8月。

【产地】河北以南黄河长江流域及陕西、河南、广西、贵州、云南。现全国各地有栽培。

【繁殖】扦插、压条或播种。

【应用】适应性极强，为长寿树种。繁花满树，老桩横斜，别有韵致，我国自古就广为栽培，为著名的庭园花卉。花繁密，色优雅，为优良棚架材料，适合大型棚架、篱垣、廊架栽培观赏。

多花蔓性野牡丹

Heterocentron elegans
蔓茎四瓣果
野牡丹科四瓣果属

【识别要点】常绿藤蔓植物。茎匍匐，长可达60cm或更长，嫩枝紫红色。叶对生，阔卵形，3出脉，叶面皱，叶缘具细齿，具刚毛。花顶生，粉红色，5瓣，花瓣倒卵形，雄蕊金黄色。果实为浆果。

【花果期】春至秋。
【产地】墨西哥
【繁殖】扦插。

【应用】花美丽，花期长，抗性佳，适于墙垣边、园路边或坡地绿化，也可用于花坛、花台栽培观赏。

岭南春季花木

扭肚藤

Jasminum elongatum
谢三娘
木犀科素馨属

【识别要点】攀缘灌木，高1～7m。小枝圆柱形，疏被短柔毛至密被黄褐色茸毛。叶对生，单叶，叶片纸质，卵形、狭卵形或卵状披针形，先端短尖或锐尖，基部圆形、截形或微心形。聚伞花序密集，顶生或腋生，通常着生于侧枝顶端，有花多朵；花微香；花萼密被柔毛或近无毛，花冠白色，高脚碟状，裂片6～9枚。果实长圆形或卵圆形，黑色。

【花果期】花期4～12月；果期8月至翌年3月。

【产地】广东、海南、广西、云南。生于海拔850m以下的灌木丛、混交林及沙地。越南、缅甸至喜马拉雅山一带也有。

【繁殖】扦插、播种。

【应用】性强健，易栽培，适合棚架、花架、篱垣、墙垣边栽培观赏，也可整形成灌木植于路边、水岸边等处；茎、叶入药，可治肠炎、风湿性关节炎及骨折等症。

166

香荚兰

Vanilla planifolia
香草兰
兰科香荚兰属

【识别要点】多年生攀缘植物，长可达数米。茎肉质，每节具1片叶。叶片大，肉质，具短柄。总状花序生于叶腋，具数花，花较大，扭转，萼片与花瓣相似，离生，展开；唇瓣下部边缘常与蕊柱边缘合生，唇瓣呈喇叭状。蒴果荚果状，肉质。

【花果期】花期春季。
【产地】墨西哥。
【繁殖】扦插。

【应用】多用作经济作物栽培，也适合用于岭南南部地区园林绿化，但遇低温年份极易受冻害，会导致茎节受伤及花朵大批脱落。宜选择向阳的树干、墙壁等处栽培观赏。

岭南春季花木

山蒟 *Piper hancei*
胡椒科胡椒属

【识别要点】攀缘藤本，长数米至十余米，枝具细纵纹，节上生根。叶纸质或近革质，卵状披针形或椭圆形，少有披针形，顶端短尖或渐尖，基部渐狭或楔形，有时钝，通常相等或有时略不等。花单性，雌雄异株，聚集成与叶对生的穗状花序。总花梗与叶柄等长或略长，花序轴被毛；苞片近圆形。浆果球形，黄色。

【花果期】花期3～8月。

【产地】浙江、福建、江西、湖南、广东、广西、贵州及云南。生于山地溪涧边、密林或疏林中，攀缘于树上或石上。

【繁殖】扦插、播种。

【应用】为华南乡土植物，攀缘能力强，且有较强的适应能力，花序及叶片均可观赏，可用于庭园的大树、棚架、山石或墙垣绿化。

红花西番莲

Passiflora coccinea
紫果西番莲、洋红西番莲
西番莲科西番莲属

【识别要点】多年生常绿藤本，蔓长可达数米。叶互生，长卵形，先端渐尖，基部心形或楔形，叶缘有不规则浅疏齿。花单生于叶腋，花瓣长披针形，先端微急尖，稍外向下垂，红色。副花冠3轮，最外轮较长，紫褐色并散布有斑点状白色，内两轮为白色，稍短。果实为浆果。

【产地】秘鲁、巴西、玻利维亚、圭亚那以及委内瑞拉等地。

【繁殖】扦插、压条。

【应用】花大，极为艳丽，为著名观赏植物，在华南地区可室外种植，宜植于向阳、光照充足的棚架、花架、绿廊栅栏及庭院等处，盆栽可用于天台、阳台绿化。

金樱子

Rosa laevigata
山石榴、刺梨子
蔷薇科蔷薇属

【识别要点】常绿攀缘灌木，高可达5m。小枝粗壮，散生扁弯皮刺。小叶革质，通常3，稀5，小叶片椭圆状卵形、倒卵形或披针状卵形，先端急尖或圆钝，稀尾状渐尖，边缘有锐锯齿，上面亮绿色，下面黄绿色。花单生于叶腋，萼片卵状披针形，先端呈叶状，边缘羽状浅裂或全缘；花瓣白色，宽倒卵形，先端微凹。果实梨形、倒卵形，稀近球形，紫褐色。

【花果期】花期4～6月；果期7～11月。

【产地】陕西、安徽、江西、江苏、浙江、湖北、湖南、广东、广西、台湾、福建、四川、云南、贵州等地。喜生于海拔200～1 600m向阳的山野、田边、溪畔灌木丛中。

【繁殖】播种、扦插。

【应用】性强健，易栽培，花大，洁白，在岭南的山野中常见，在园林中应用较少，可用于小型棚架、栅栏、绿廊及花架等垂直绿化。

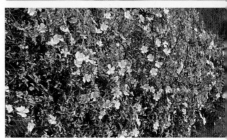

穴果木

Coelospermum kanehirae
穴果藤
茜草科穴果木属

【识别要点】藤本，常呈灌木状或小乔木状。叶对生，革质或厚纸质，干后棕黄色或有时带淡黑色，椭圆形、卵圆形或倒卵形，顶端短尖、钝或圆，基部楔形或圆，全缘。聚伞状圆锥花序由3～9个伞形花序组成，顶生，有时兼腋生；伞形花序梗和花梗被粉状微柔毛；花冠高脚碟形，白色或乳黄色。核果浆果状，近球形。

【花果期】花期4～5月；果期7～9月。
【产地】广东西部至海南。为我国特产，生于山地和丘陵的疏林下或灌丛中。
【繁殖】扦插、播种。

【应用】花小，观赏价值一般，但适应性强，可用于大型棚架、绿廊等绿化。

岭南春季花木

楠藤

Mussaenda erosa
厚叶白纸扇
茜草科玉叶金花属

【识别要点】攀缘灌木，高3m。叶对生，纸质，长圆形、卵形至长圆状椭圆形，顶端短尖至长渐尖，基部楔形。伞房状多歧聚伞花序顶生，花疏生；花冠橙黄色，花冠管外面有柔毛，花冠裂片卵形。浆果近球形或阔椭圆形。

【花果期】花期4～7月；果期9～12月。

【产地】广东、香港、广西、云南、四川、贵州、福建、海南和台湾。常攀缘于疏林乔木树冠上。中南半岛和琉球群岛也有。

【繁殖】扦插、播种。

【应用】苞片雪白，花金黄，有较高的观赏性，适合大型棚架、廊架绿化，也可整形成灌木欣赏。

金杯藤

Solandra nitida
金杯花
茄科金杯藤属

【识别要点】常绿大型木质藤本。叶片互生，长椭圆形，浓绿色。单花顶生，花冠大型，杯状，淡黄色，花冠5浅裂。果实为蒴果。

【花果期】花期春夏季。
【产地】原产中美洲。我国华南、西南等地有引种。
【繁殖】扦插、播种。

【应用】花大，极美丽，在岭南地区有少量引种，为优良的大型棚架植物，可用于植物园、公园、风景区造景，也可作大型盆栽用于阳台及天台绿化。

红萼龙吐珠

Clerodendrum speciosum
美丽龙吐珠
马鞭草科大青属

【识别要点】常绿木质藤本。叶对生，纸质，具柄，卵状椭圆形，全缘，先端渐尖，基部近圆形。聚伞花序腋生或顶生，花冠红色，花萼红色，雌雄蕊细长，突出花冠外。果实为核果。

【花果期】花期春至秋末，以秋季为最盛。
【产地】非洲热带地区。我国华南等地广为栽培。
【繁殖】扦插、播种。

【应用】花繁茂美丽，极具观赏佳，常用于棚架、绿廊、花架栽培，也可整形成灌木植于路边、山石边或庭院欣赏。

龙吐珠

Clerodendrum thomsonae
白萼赪桐
马鞭草科大青属

【识别要点】攀缘状灌木，高2～5m。幼枝四棱形，小枝髓部嫩时疏松，老后中空。叶片纸质，狭卵形或卵状长圆形，顶端渐尖，基部近圆形，全缘，表面被小疣毛，略粗糙。聚伞花序腋生或假顶生，二歧分枝，花萼白色，基部合生，中部膨大，有5棱脊，顶端5深裂，花冠深红色，外被细腺毛，花冠管与花萼近等长；雄蕊4，与花柱同伸出花冠外。核果近球形。

【花果期】花期3～5月。
【产地】原产西非。我国引种栽培。
【繁殖】扦插、播种。

【应用】花形奇特，红白相映，开花时深红色的花冠由白色的萼内伸出，观赏性佳，可用于棚架、绿廊、篱垣栽培，也可整形成灌木植于路边、山石边或庭院欣赏。

岭南春季花木

蓝花藤 *Petrea volubilis*
马鞭草科蓝花藤属

【识别要点】木质藤本，长达5m。小枝灰白色。叶对生，革质，触之粗糙，椭圆状长圆形或卵状椭圆形，顶端钝或短尖，基部钝圆，全缘。总状花序顶生，下垂，花蓝紫色；裂片狭长圆形，开展。果实为核果。

【花果期】花期4～5月。

【产地】原产古巴。我国岭南及西南有栽培。

【繁殖】扦插、高空压条。

【应用】花紫蓝色，排成串、下垂，为极美丽的观赏植物，可用于棚架、花架、绿廊绿化。

扁担藤

Tetrastigma planicaule
扁藤
葡萄科崖爬藤属

【识别要点】木质大藤本。茎扁压，深褐色，小枝圆柱形或微扁。叶为掌状5小叶，小叶长圆披针形、披针形、卵披针形，顶端渐尖或急尖，基部楔形，边缘每侧有5～9个锯齿，锯齿不明显或细小。花序腋生，二级和三级分枝4（3），集生成伞形；花蕾卵圆形，萼浅碟形，花瓣4，卵状三角形，花药黄色。果实近球形，多肉质，成熟时黄色，有种子1～2（3）颗。

【花果期】花期4～6月；果期8～12月。

【产地】福建、广东、广西、贵州、云南、西藏东南部。生于海拔100～2100m山谷林中或山坡岩石缝中。老挝、越南、印度和斯里兰卡也有。

【繁殖】播种。

【应用】为优良的大型藤本，花繁茂，观赏性一般，果艳丽，园林中常用于大型棚架、廊架等处栽培观赏。

草本花卉

虾衣花
Justicia brandegeana
狐尾木、虾衣草、麒麟吐珠
爵床科爵床属

【识别要点】多分枝的草本，高20～50cm。叶对生，卵形，长2.5～6cm，顶端短渐尖，基部渐狭而成细柄，全缘，两面被短硬毛。穗状花序紧密，稍弯垂，苞片砖红色，萼白色，花冠白色。果实为蒴果。

【花果期】花期春季。

【产地】原产墨西哥。适合热带及亚热带生长，在部分国家逸生。我国南部常见栽培。

【繁殖】扦插。

【应用】栽培容易，极具异国情调，花形美观，花期长，适合公园、绿地或庭园的路边、坡地、山石旁栽培欣赏，也可盆栽用于庭园、室内观赏。

悉尼火百合

Doryanthes excelsa
高大矛花
龙舌兰科矛花属

【识别要点】多年生植物，株高约1m。叶基生，剑形，长约1m，宽约1cm，先端尖，全缘。花顶生，花茎高达2～4m，最高可达6m。苞片红褐色，花瓣红色。果实为木质蒴果。

【花果期】花期春季。
【产地】澳大利亚新南威尔士。
【繁殖】播种、分株。

【应用】在华南引种成功，花茎高大，花艳丽，极为奇特，为优良观花植物，适合岸石园、海岸边或空旷草地孤植或丛植。

香殊兰

Crinum moorei
穆氏文殊兰
石蒜科文殊兰属

【识别要点】多年生球根花卉，株高1～1.5m。叶剑状披针形，绿色。花茎自叶丛中抽出，粗大，中空。伞形花序，花朵着生于花枝顶端，5～8朵，花白色，具芳香。果实为蒴果。

【花果期】花期春至秋季。
【产地】非洲热带地区。
【繁殖】分球。

【应用】为近年来引进的观花草本，习性强健，花洁白芳香，适合庭园或公园等的路边、水岸边及山石边丛植观赏。

朱顶红

Hippeastrum rutilum
百枝莲、华胄兰、红花莲
石蒜科朱顶红属

【识别要点】多年生草本。鳞茎近球形。叶6～8枚，花后抽出，鲜绿色，带形，长约30cm，基部宽约2.5cm。花茎中空，稍扁，高约40cm，具白粉；花2～4朵；佛焰苞状总苞片披针形，花被裂片长圆形，顶端尖，洋红色，略带绿色。果实为蒴果，种子扁平。

【花果期】花期春季；果期夏季。

【产地】巴西。我国引种栽培。本属约90种，分布于热带及亚热带地区，从阿根廷至墨西哥及加勒比海均有分布。

【繁殖】分球、播种。

【应用】花大色艳，易栽培，为著名观赏球根花卉，浙江、上海、广东等地从欧洲引进大量杂交种，花色极为丰富，还有重瓣种。适应性强，除盆栽用于室内观赏外，也可植于园路边、山石旁、池畔或墙垣边观赏。

网球花

Scadoxus multiflorus
网球石蒜
石蒜科虎耳兰属

【识别要点】多年生落叶球根花卉。地下具鳞茎，扁球形。叶3～4枚，长圆形，全缘。花先叶开放，花茎直立，伞形花序顶生，呈球状，着花数十朵，红色，花丝红色。浆果红色。

【花果期】花期春季；果期秋季。
【产地】非洲南部。
【繁殖】分球、播种。

【应用】花形奇特，观赏性佳，岭南地区有少量引种，尚未在园林中应用，可用于疏林下、园路边、花坛、山石边等丛植观赏，盆栽可用于装饰窗台、阳台等处。

燕子水仙

Sprekelia formosissima
龙头花、火燕兰
石蒜科龙头花属

【识别要点】多年生草本。具球形的有皮鳞茎，直径约5cm。叶3～6枚，狭线形，花茎中空，带红色。花大，二唇形，单朵顶生；佛焰苞状总苞片红褐色，端2裂；花被管极短或无，花被长8～10cm，绯红色。

【花果期】一年多次开花，主要花期春季。
【产地】原产墨西哥。我国引种栽培。
【繁殖】分球。

【应用】花形奇特，极为美丽，我国台湾省栽培较多，目前广州有少量引种，多用于阳台、窗台或楼顶花园栽培观赏，也可用于公园、庭园的园路边、花坛或墙垣边种植观赏。

春羽

Philodendron selloum

羽裂蔓绿绒
天南星科喜林芋属

【识别要点】多年生草本。叶生于茎顶并向四方伸展，具长柄，有光泽，成株叶片羽状深裂，实生苗幼叶呈三角形。佛焰苞厚革质，宽卵形，舟状，直立，先端具喙；肉穗花序近圆柱形，白色。果实为浆果。

【花果期】花期3～5月。
【产地】巴西及巴拉圭等地。
【繁殖】播种、分株。

【应用】为著名的园艺观赏植物，叶大美观，花洁白奇特，目前在世界各地广为种植，适合园路边、滨水岸边、小桥边及亭廊边栽培观赏，也常盆栽用于室内绿化。

巧克力光亮凤梨 *Ananas lucidus `Chocolat`*
凤梨科凤梨属

【识别要点】多年生草本，茎短。叶多数，莲座式排列，剑形，顶端渐尖，全缘，绿色，生于花序顶部的叶变小，常呈红褐色。花序于叶丛中抽出，状如松球；花瓣长椭圆形，上部蓝紫色，下部白色。果实为聚花果。

【花果期】花期春季。
【产地】园艺种。
【繁殖】分株。

【应用】叶形紧凑，株形美观，果艳丽，园林中可用于向阳处的园路边、墙垣边栽培观赏。

姬凤梨 *Cryptanthus* spp.
凤梨科姬凤梨属

【识别要点】多年生附生常绿草本。叶基生，长椭圆形，叶缘波状，具细齿，叶片红色、绿色、褐色等，带有条纹或纵纹。花小，多为白色。

【花果期】花期春季。
【产地】美洲热带地区。
【繁殖】分株。

【应用】品种繁多，栽培甚广，国内引种栽培多用于盆栽，园林中也可附树或附石栽培观赏。

火炬凤梨

Guzmania conifera
圆锥擎天、圆锥果子蔓
凤梨科果子蔓属

【识别要点】多年生常绿草本。叶宽带形，外弯，暗绿色。穗状花序呈圆锥状，苞片密生，鲜红，尖端黄色。花小，红色，边缘黄色。果实为蒴果。

【花果期】花期春季，岭南地区多催花于冬春应用。

【产地】南美洲安第斯山脉。

【繁殖】分株，生产上常用组培法。

【应用】园艺种繁多，花序大，苞片红艳，观赏性佳，是优良的盆栽花卉，可置于客厅、会客室、宾馆的大堂、会议室等装饰欣赏，也常用于园林造景。

里约红彩叶凤梨 *Neoregelia* 'Red of Rio'
凤梨科彩叶凤梨属

【识别要点】多年生附生草本，株高约20cm。叶基生，长椭圆形，先端圆钝，具小尖头，新叶红色，老叶慢慢转绿，上具黄绿色条纹。花序顶生，凹陷，常有雨水充填于花序中，花小。

【花果期】春至夏。
【产地】园艺种。
【繁殖】分株。

【应用】本种色彩鲜艳，有较高观赏性，多片植于园路边、山石边，也可盆栽用于室内装饰。

黄花草凤梨

Pitcairnia xanthocalyx
黄萼凤梨
凤梨科艳红凤梨属

【识别要点】多年生草本，株高约1m。叶基生，狭长带状，先端尖，具细锯齿。总状花序，高于叶，花黄色。果实为蒴果。

【花果期】花期春季。
【产地】南美洲。
【繁殖】分株。

【应用】华南植物园有少量引种，抗性佳，耐热性好，可引种用于公园、绿地、风景区墙垣边、篱垣边种植观赏。

岭南春季花木

空气凤梨

Tillandsia spp.
空凤
凤梨科铁兰属

【识别要点】多年生常绿草本，株高约10cm或更高。叶莲座状着生，密集，叶背有的被白粉，先端尖，叶红色、绿色、绿白色等。花小，不同种差异较大。果实为蒴果。

【花果期】大多种类的花期为春至夏。
【产地】美洲等地。
【繁殖】分株。

【应用】株型小巧，叶丛密集，常用于树桩、石壁、树皮等附生栽培观赏。

大花美人蕉
Canna generalis
美人蕉
美人蕉科美人蕉属

【识别要点】株高约1.5m，茎、叶和花序均被白粉。叶片椭圆形，叶缘、叶鞘紫色。总状花序顶生，花大，比较密集，每一苞片内有花1～2朵；萼片披针形；花冠裂片披针形，外轮退化雄蕊3，倒卵状匙形，颜色多种，红、橘红、淡黄、白色均有；唇瓣倒卵状匙形。果实为蒴果。

【花果期】主要花期春季，其他季节也可见花。
【产地】园艺杂交种，各地广为栽培。
【繁殖】分株。

【应用】花大美艳，为岭南地区常见栽培的观花草本植物，应用广泛，适合公园、绿地、风景区或庭院栽培观赏，宜片植或丛植。

岭南春季花木

鸳鸯美人蕉 *Canna generalis* 'Cleopatra'
美人蕉科美人蕉属

【识别要点】多年生宿根草本植物，株高1.5m，茎、叶和花序均被白粉。叶片椭圆形，具大块紫色斑块或斑纹。总状花序顶生，花大，每苞片内有花1～2朵。一萼双色或花黄红嵌套。果实为蒴果。

【花果期】花期春夏。
【产地】栽培种。
【繁殖】分株。

【应用】叶色斑斓，极为美丽，适合公园、绿地、风景区或庭院的路边、草地边缘或水岸边栽培观赏。

金脉美人蕉

Canna generalis 'Striatus'
花叶美人蕉
美人蕉科美人蕉属

【识别要点】多年生宿根草本植物，株高1.5m，茎、叶和花序均被白粉。叶片椭圆形，具黄色脉纹。总状花序顶生，花大，密集，每苞片内有花1～2朵，花橘黄色。果实为蒴果。

【花果期】花期春夏。
【产地】栽培种。
【繁殖】分株。

【应用】叶色明艳，为优良的观叶植物，适合公园、绿地、风景区或庭院路边、林下或水岸边绿化。

美人蕉

Canna indica
兰蕉
美人蕉科美人蕉属

【识别要点】植株全部绿色，高可达1.5m。叶片卵状长圆形。总状花序略超出于叶片之上；花红色，单生；苞片卵形，绿色；萼片3，披针形，绿色而有时染红。花冠管长不及1cm，花冠裂片披针形，绿色或红色；外轮退化雄蕊2～3枚，鲜红色，其中2枚倒披针形，另一枚如存在则特别小；唇瓣披针形。蒴果绿色，长卵形，有软刺。

【花果期】3～12月。
【产地】原产印度。我国南北各地常有栽培。
【繁殖】分株。

【应用】花小而美丽，在岭南地区常见栽培，有一定观赏价值，可用于草地中、墙边、路边等栽培观赏。

紫叶美人蕉

Canna warscewiezii
红叶美人蕉
美人蕉科美人蕉属

【识别要点】多年生草本植物，株高1.5m。叶片卵形或卵状长圆形。叶紫红色。总状花序，花冠裂片披针形，深红色，外稍染蓝色。唇瓣舌状或线状长圆形，顶端微凹或2裂，红色。果实为蒴果。

【花果期】花期春至夏。
【产地】南美洲。
【繁殖】分株。

【应用】叶色美观，花叶均具较高的观赏价值，为岭南地区少见的色叶植物之一。园林中常用于公园、绿地或水岸边绿化，极适合与其他草花配植。

南茼蒿

Chrysanthemum segetum

蓬蒿
菊科茼蒿属

【识别要点】草本，光滑无毛或几乎光滑无毛，高20～60cm。茎直立，富肉质。叶椭圆形、倒卵状披针形或倒卵状椭圆形，边缘有不规则的大锯齿，少有成羽状浅裂的，基部楔形，无柄。头状花序单生茎端或少数生茎枝顶端，但不形成伞房花序。内层总苞片顶端膜质扩大几成附片状。果实为瘦果。

【花果期】3～6月。

【产地】我国南方有栽培。

【繁殖】播种。

【应用】花美丽，多作蔬菜栽培，也适合用于公园、风景区等林缘边或草地一隅栽培观赏。

油菜花

Brassica campestris
芸薹
十字花科芸薹属

【识别要点】二年生草本，高30～90cm。茎粗壮，直立，分枝或不分枝，稍带粉霜。基生叶大头羽裂，顶裂片圆形或卵形，边缘有不整齐弯缺齿，侧裂片1至数对，卵形，基部抱茎；上部茎生叶长圆状倒卵形、长圆形或长圆状披针形，全缘或有波状细齿。总状花序在花期成伞房状，花鲜黄色，萼片长圆形，花瓣倒卵形。长角果线形。

【花果期】花期3～4月；果期5月。

【产地】陕西、江苏、安徽、浙江、江西、湖北、湖南、四川、甘肃等地。几乎全国均有种植。

【繁殖】播种。

【应用】本种为重要的油料植物之一，在我国南方广泛栽培。花开时节，一片金黄，极为美丽，油菜花产地成为最重要的旅游资源之一，广州的石门森林公园、王子山等均种有大片的油菜花用于观赏。

岭南春季花木

羽衣甘蓝 *Brassica oleracea* var. *acephala*
十字花科芸薹属

【识别要点】二年生或多年生草本，高60～150cm。下部叶大，大头羽状深裂，叶片肥厚，倒卵形，被有蜡粉，有皱叶、不皱叶、及深裂叶等，叶缘有翠绿、黄绿等，中心部有纯白、肉红、紫红等。总状花序在果期长达30cm或更长；花淡紫色。果实为角果，种子球形。

【花果期】花期4月；果期5～6月。
【产地】本种为栽培变型。原种产英国及地中海地区。
【繁殖】播种。

【应用】品种繁多，叶色美丽，为极佳的观叶植物，开花时也可观花，在旅游景区常见栽培，可用于岭南北部地区布置园林绿道、园路、花坛、花境等，也可盆栽置于阳台、窗台等观赏。岭南南部地区由于冬春季温度偏高，显色不如北方地区。

蓝扇花
Scaevola aemula
紫扇花
草海桐科草海桐属

【识别要点】多年生草本，株高25～50cm。茎秆红褐色。叶互生，倒卵形，先端钝或带小尖头，基部楔形，叶上部边缘具齿，下部全缘。总状花序，花筒部与子房贴生，小花蓝色、白色及粉红等，花冠两侧对称，裂片几乎相等。果实为核果。

【花果期】春至夏末。
【产地】澳大利亚的近海岸地区。
【繁殖】叶互生，叶片匙形，叶缘具锯齿。

【应用】耐盐碱，抗性强，开花繁茂，岭南地区较少栽培，适于含沙量较高的园路边、林缘等栽培观赏，也可用于海岸边绿化，也是盆栽观赏的优良品种。

双色野鸢尾

Dietes bicolor
褐斑离被鸢尾
鸢尾科离被鸢尾属

【识别要点】多年生草本，株高 50～80cm。叶基生，剑形，淡绿色，先端尖，基部成鞘状，互相套叠，具平行脉。花茎具分枝，着花十余朵。花两性，花瓣黄色，底部具暗紫色斑点。果实为蒴果。

【花果期】花期春季；果期秋季。
【产地】南非。
【繁殖】分株。

【应用】花美丽，岭南地区有少量引种，适于滨水岸边、山石边、林缘种植观赏，也可盆栽。

巴西鸢尾

Neomarica gracilis
美丽鸢尾
鸢尾科巴西鸢尾属

【识别要点】多年生草本，株高30～40cm。叶片两列，带状剑形，自短茎处抽生。花茎高于叶片，花被片6；外3片白色，基部褐色，带浅黄色斑纹；内3片前端蓝紫色带白色条纹，基部褐色带黄色斑纹。果实为蒴果。

【花果期】花期春至夏。
【产地】巴西。我国南方引种栽培。
【繁殖】分株。

【应用】花叶俱美，适应性好，耐热性强，适合公园稍庇荫处的路边、水岸边、墙垣边或庭院栽培观赏。

金疮小草

Ajuga decumbens

筋骨草、青鱼胆草

唇形科筋骨草属

【识别要点】一年生或二年生草本。平卧或上升，具匍匐茎，老茎有时呈紫绿色。基生叶较多，较茎生叶长而大，叶片薄纸质，匙形或倒卵状披针形，先端钝至圆形，基部渐狭，下延，边缘具不整齐的波状圆齿或全缘，具缘毛。轮伞花序多花，排列成间断的穗状花序，位于下部的轮伞花序疏离，上部密集；花冠淡蓝色或淡红紫色，稀白色，筒状，挺直，基部略膨大。小坚果倒卵状三棱形。

【花果期】花期3～7月；果期5～11月。

【产地】长江以南地区。生于海拔360～1 400m溪边、路旁及湿润的草坡上。朝鲜、日本也有。

【繁殖】播种。

【应用】性强健，抗热性好，开花繁密，适合路边、林缘、篱垣边片植观赏。

特丽莎香茶菜

Rabdosia `Mona Lavender`
莫娜紫香茶菜
唇形科香茶菜属

【识别要点】草本，株高 60～90cm。茎紫色。叶对生，卵形，叶片具点状突起，叶背深紫色至淡紫色，叶面绿色，先端尖，基部楔形，叶缘具深齿。穗状花序，花蓝紫色。果实为瘦果。

【花果期】花期春至夏。
【产地】园艺种。我国南北均有栽培。

【应用】性强健，适应性强，色彩为少见的蓝紫色，多用于盆栽，也适合花坛、花境或一隅栽培观赏。

蔓花生

Arachis duranensis
长喙花生
豆科落花生属

【识别要点】多年生宿根草本植物，枝条呈蔓性，株高10～15cm。叶互生，倒卵形，全缘。花腋生，蝶形，金黄色。果实为荚果。

【花果期】花期春季至秋季。
【产地】亚洲热带及南美洲。我国南方广泛栽培。
【繁殖】扦插。

【应用】叶形叶色均佳，终年常绿，在岭南及西南地区得到广泛应用，多用于路边、坡地、山石边或草坪等作地被植物；由于覆盖能力强，也常用于公路、边坡等地治理水土流失。

含羞草

Mimosa pudica
知羞草
豆科含羞草属

【识别要点】披散、亚灌木状草本，高可达1m。茎圆柱状，具分枝。羽片和小叶触之即闭合而下垂；羽片通常2对，指状排列于总叶柄的顶端，小叶10～20对，线状长圆形。头状花序圆球形，单生或2～3个生于叶腋；花小，淡红色，多数；花萼极小；花冠钟状，裂片4。荚果长圆形，扁平，稍弯曲，荚缘波状，具刺毛。

【花果期】花期3～10月；果期5～11月。

【产地】台湾、福建、广东、广西、云南等地。生于旷野荒地、灌木丛中。原产热带美洲，现广布于世界热带地区。

【繁殖】播种。

【应用】株形美观，花美丽，园林中较少应用，适合园林绿地或水岸边作地被栽培观赏，是科普教育的良好材料。

岭南春季花木

鬼切芦荟

Aloe marlothii
马氏芦荟
百合科芦荟属

【识别要点】多年生肉质草本，呈灌木状，株高3～4m，最高可达6m。叶簇生于枝干顶端，叶长可达1m。花大，花序直径可达80cm，花橙黄色至橘红色。果实为蒴果。

【花果期】花期春季；果期夏季。

【产地】南非。生于有岩石的山地或平坦的地方。

【繁殖】分株、扦插。

【应用】株形美观，花序大，有极高的观赏性，在广州等地引种栽培，适合公园、庭院等排水良好的地方栽培观赏，也可盆栽。

吊钟百子莲

Agapanthus campanulatus
铃花百子莲、钟花百子莲
百合科百子莲属

草本花卉

【识别要点】多年生宿根草本，株高0.4～1m。叶带状，细长，绿色或灰绿色，6～12片叶。伞形花序，花蓝色，由数十朵小花组成。果实为蒴果，种子黑色。

【花果期】花期春至夏；果期秋季。
【产地】南部非洲。
【繁殖】分株、播种。

【应用】花美丽，在岭南地区长势较佳，适合公园、景区、庭院等园路边、岩石边、墙垣边种植观赏，也可与其他宿根植物配植。

橙柄草

Chlorophytum orchidastrum

旭日东升
百合科吊兰属

【识别要点】多年生常绿草本，株高40～60cm。叶长卵圆形，先端渐尖，基部楔形，边缘波状，全缘，叶柄橙黄色。花序顶生，较小，花绿黄色。果实为蒴果。

【花果期】花期春季。
【产地】非洲。
【繁殖】分株。

【应用】叶柄橙黄色，极为美观，为不可多得的色叶植物，园林中可用于林下、庇荫的园路边或山石边，盆栽常用于案头、案几或窗台等处观赏。

金线山菅兰 *Dianella ensifolia* `Marginata`
百合科山菅属

【识别要点】多年生常绿草本。叶狭条状披针形，基部稍收狭成鞘状，套叠或抱茎，边缘具锯齿，叶片具金色条纹。圆锥花序，花多朵，绿白色、淡黄色到青紫色。果实为浆果。

【花果期】3～8月。
【产地】栽培种。
【繁殖】分株、分根茎或播种。

【应用】株形美观，叶色秀丽，园林中常用于林下、园路边、山石边栽培观赏，也适合庭院绿化。盆栽可用于阳台、天台等处绿化。

银边山菅兰 *Dianella ensifolia* 'White Variegated'
百合科山菅属

【识别要点】多年生常绿草本，株高可达1～2m。叶狭条状披针形，基部稍收狭成鞘状，套叠或抱茎，边缘具锯齿，叶征边缘白色，叶中常具白色条纹。圆锥花序，花多朵，绿白色、淡黄色到青紫色。果实为浆果。

【花果期】3～8月。
【产地】栽培种。
【繁殖】分株、分根茎或播种。

【应用】叶姿优美，极为雅致，常片植于林下、林缘、山石边及墙垣边，观赏效果极佳，也可盆栽用于室内及阳台栽培观赏。

郁金香 *Tulipa gesneriana*
百合科郁金香属

【识别要点】鳞茎皮纸质，内面顶端和基部有少数伏毛。叶3～5枚，条状披针形至卵状披针形。花单朵顶生，大型而艳丽；花被片红色或杂有白色和黄色，有时为白色或黄色，长5～7cm，宽2～4cm。6枚雄蕊等长，花丝无毛；无花柱，柱头增大呈鸡冠状。

【花果期】花期4～5月。

【产地】原产欧洲。我国各地引种栽培。

【繁殖】分球。

【应用】栽培历史悠久，品种繁多，为著名的庭园花卉，岭南地区可用于公园、风景区及庭院等地冬春季栽培，多片植，也可盆栽用于居室美化。但由于岭南地区温度高，湿度大，花期短，且不能繁殖种球，需引种已经低温春化的郁金香种球，种植成本高，花坛景观营建上需慎用。

红背竹芋

Stromanthe sanguinea
紫背竹芋
竹芋科紫背竹芋属

【识别要点】多年生常绿草本，株高30～100cm，有时可达150cm。叶基生，叶柄短，叶长椭圆形至宽披针形，叶正面绿色，背面紫红色。圆锥花序，苞片及萼片红色，花白色。果实为蒴果。

【花果期】花期春季。
【产地】巴西。
【繁殖】分株。

【应用】叶色美观，花艳丽，适合庭院、公园、小区路边、墙垣边及假山石边或池畔栽培观赏。

富红蝎尾蕉 *Heliconia caribaea × H. bihai* 'Richmond Red'
芭蕉科蝎尾蕉属

【识别要点】年生常绿丛生植物，株高2～4m。叶狭长圆形，具长柄。花序顶生，直立，花序轴红色，苞片红色，底部紫红色，边缘至顶端有黄色狭带，尖端绿色。果实为蒴果。

【花果期】花期4～12月，主要花期夏季。

【产地】园艺杂交种，华南有栽培。

【繁殖】分株、分根茎。

【应用】株形美观，花序大型，极美丽，适合公园、小区、办公场所及庭院的路边或墙垣边栽培观赏，大型盆栽可布置厅堂或阶前，也是切花的良好材料。

扇形蝎尾蕉 *Heliconia lingulata*
芭蕉科蝎尾蕉属

【识别要点】多年生常绿丛生草本，株高2～3m。叶片宽椭圆形。黄色苞片呈螺旋状排列成聚伞花序，顶生，直立，未完全展开时呈扇形，花序轴黄色，萼片黄绿色；花瓣合生，基部淡黄色，尖端淡绿色。果实为蒴果。

【花果期】花期4～12月。
【产地】墨西哥至尼加拉瓜。
【繁殖】分株、分根茎。

【应用】花序大型，观赏性佳，适合路边、林缘、水岸边及庭院中丛植或片植。盆栽可用来装饰客厅、大堂及卧室等处，为良好的切花花材。

显著蝎尾蕉

Heliconia illustris
挺拔蝎尾蕉
芭蕉科蝎尾蕉属

【识别要点】多年生常绿草本，株高1～2m。叶长，主脉、侧脉粉红色，叶绿色，背面铜红色，叶柄红色。花序直立向上弯曲，苞片橙黄色。果实为蒴果。

【花果期】花期春至夏。
【产地】太平洋诸岛和委内瑞拉。
【繁殖】分株、分根茎。

【应用】株形美观，叶色清新悦目，观赏价值高，适合庭院阴处栽培观赏，也可盆栽置于室内观赏。

鸟舌兰 *Ascocentrum ampullaceum*
兰科鸟舌兰属

【识别要点】植株高约10cm。茎直立，粗壮，被叶鞘所包。叶厚革质，扁平，下部常呈V形对折，上部稍向外弯，上面黄绿色带紫红色斑点，背面淡红色，狭长圆形。花序直立，总状花序密生多数花；花在蕾时黄绿色，开放后红色；萼片和花瓣近相似，唇瓣3裂。果实为蒴果。

【花果期】花期4～5月。

【产地】云南。生于海拔1 100～1 500m的常绿阔叶林中树干上。从喜马拉雅西北部经尼泊尔、不丹、印度东北部到缅甸、泰国、老挝都有分布。

【繁殖】播种、分株。

【应用】花小巧，颜色亮丽，为优良的观赏兰花，可附着稍庇荫树干栽培，也可植于桫椤板悬于阳台或庭园的廊架下栽培观赏。

银带虾脊兰 *Calanthe argenteo-striata*
兰科虾脊兰属

【识别要点】植株无明显的根状茎。假鳞茎粗短，近圆锥形。叶3～7枚，在花期展开，叶上面深绿色，带5～6条银灰色的条带，椭圆形或卵状披针形，先端急尖，基部收狭为柄。花葶从叶丛中央抽出，长达60cm，总状花序，具10余朵花；花张开，花瓣多少反折，黄绿色；中萼片椭圆形，侧萼片宽卵状椭圆形；花瓣近匙形或倒卵形，唇瓣白色，与整个蕊柱翅合生，3裂。果实为蒴果。

【花果期】花期4～5月。

【产地】广东、广西、贵州和云南。生于海拔500～1 200m的山坡林下的岩石空隙或覆土的石灰岩面上。

【繁殖】分株。

【应用】花美丽，易栽培，常用于公园、绿地、庭院等稍庇荫的林下栽培，也可盆栽。

二列叶虾脊兰

Calanthe formosana
台湾根节兰
兰科虾脊兰属

【识别要点】植株粗壮，高达120cm，假鳞茎为叶鞘所包，粗达3cm。叶二列，长圆状椭圆形，先端渐尖，基部收窄为长柄；叶柄粗壮，对折。花葶粗壮，侧生，总状花序；花鲜黄色；萼片近相似，卵状披针形；花瓣卵状椭圆形，唇瓣基部与整个蕊柱翅合生，基部上方3裂。果实为蒴果。

【花果期】花期（4~）7~10月。
【产地】台湾、香港和海南。生于海拔500~1 500m的溪谷林下阴湿处。
【繁殖】分株。

【应用】花序大而美丽，适合稍庇荫的林下、墙垣边等种植观赏，也可盆栽用于室内陈列。

岭南春季花木

218

异型兰

Chiloschista yunnanensis

异唇兰
兰科异型兰属

【识别要点】茎不明显。通常无叶，至少在花期时无叶。花序1～2个，下垂，花质地稍厚，萼片和花瓣茶色或淡褐色，除基部外周边为浅白色，具5条脉；中萼片向前倾，卵状椭圆形；侧萼片卵圆形，先端圆形；花瓣近长圆形，唇瓣黄色，贴生于蕊柱足末端，3裂。果实为蒴果。

【花果期】花期3～5月；果期7月。
【产地】云南。生于海拔700～2000m山地林缘或疏林中树干上。
【繁殖】播种、分株。

【应用】花小巧美丽，花期无叶，具有较高的观赏价值，适合附树生长，用于庭园美化。

红花隔距兰

Cleisostoma williamsonii
滇缅隔距兰
兰科隔距兰属

【识别要点】植株通常悬垂。茎细圆柱形，分枝或不分枝，具多数互生的叶。叶肉质，圆柱形，伸直或稍弧曲，先端稍钝，基部具节和抱茎的叶鞘。花序侧生，总状花序或圆锥花序密生许多小花；花粉红色，开放；中萼片卵状椭圆形，舟状，侧萼片斜卵状椭圆形，花瓣长圆形，唇瓣深紫红色，3裂。果实为蒴果。

【花果期】花期4～6月。

【产地】广东、海南、广西、贵州、云南。生于海拔300～2 000m的山地林中树干上或山谷林下岩石上。不丹、印度东北部、越南、泰国、马来西亚、印度尼西亚也有。

【繁殖】分株。

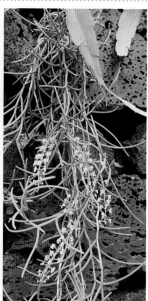

【应用】花小而美丽，可附着于树干及岩石上栽培，也可盆栽悬于阳台或棚架之处观赏。

栗鳞贝母兰 *Coelogyne flaccida*
兰科贝母兰属

【识别要点】根状茎粗壮，坚硬，假鳞茎在根状茎上通常相距2～3cm，长圆形或近圆柱形，向顶端稍变狭。叶革质，长圆状披针形至椭圆状披针形，先端近渐尖或略呈短尾状，基部收狭为柄。花葶从靠近老假鳞基部的根状茎上发出，总状花序，疏生8～10朵花；花浅黄色至白色，唇瓣上有黄色和浅褐色斑。果实为蒴果。

【花果期】花期3月。

【产地】贵州、广西和云南。生于海拔约1 600m林中树上。印度、尼泊尔、缅甸和老挝也有。

【繁殖】分株。

【应用】开花性好，易栽培，可附生于稍庇荫的树干上栽培，也常盆栽用于室内或置于庭院观赏。

岭南春季花木

纹瓣兰 *Cymbidium aloifolium*
兰科兰属

【识别要点】附生植物。假鳞茎卵球形，通常包藏于叶基之内。叶4～5枚，带形，厚革质，坚挺，略外弯，先端不等的2圆裂或2钝裂。花葶从假鳞茎基部穿鞘而出，下垂，总状花序具（15～）20～35朵花；花略小，稍有香气；萼片与花瓣淡黄色至奶油黄色，中央有1条栗褐色宽带和若干条纹，唇瓣白色或奶油黄色而密生栗褐色纵纹。蒴果长圆状椭圆形。

【花果期】花期4～5月，偶见10月。

【产地】广东、广西、贵州和云南东南部至南部。生于海拔100～1 100m疏林中或灌木丛中树上或溪谷旁岩壁上。从斯里兰卡北至尼泊尔，东至印度尼西亚爪哇，均有分布。

【繁殖】分株。

【应用】常见栽培的兰属植物，适合公园、庭院、风景区等附于树干、廊柱上栽培观赏，也可盆栽。

蕙兰

Cymbidium faberi
九节兰、蕙
兰科兰属

草本花卉

【识别要点】地生草本。假鳞茎不明显。叶5～8枚，带形，直立性强，基部常对折而呈V形，叶脉透亮，边缘常有粗锯齿。花葶从叶丛基部最外面的叶腋抽出，近直立或稍外弯，被多枚长鞘；总状花序具5～11朵或更多的花；花常为浅黄绿色，唇瓣有紫红色斑，有香气。蒴果近狭椭圆形。

【花果期】花期3～5月。

【产地】陕西南部、甘肃南部、安徽、浙江、江西、福建、台湾、河南南部、湖北、湖南、广东、广西、四川、贵州、云南和西藏东部。生于海拔700～3 000m湿润但排水良好的透光处。尼泊尔、印度北部也有。

【繁殖】分株。

【应用】江浙一带栽培最盛，为著名的观赏兰花，品种繁多。岭南北部可种植开花，园林中可用于庇荫的林下、庭院一隅栽培观赏，也适合盆栽用于室内观赏。

223

多花兰

Cymbidium floribundum
蜜蜂兰、台兰
兰科兰属

【识别要点】附生植物。假鳞茎近卵球形，稍压扁，包藏于叶基之内。叶通常5～6枚，带形，坚纸质，先端钝或急尖，中脉与侧脉在背面凸起，关节在距基部2～6cm处。花葶自假鳞茎基部穿鞘而出，近直立或外弯，花序通常具10～40朵花；花较密集，一般无香气；萼片与花瓣红褐色或偶见绿黄色，极罕灰褐色，唇瓣白色而在侧裂片与中裂片上有紫红色斑，褶片黄色。蒴果近长圆形。

【花果期】花期4～8月。

【产地】浙江、江西、福建、台湾、湖北、湖南、广东、广西、四川东部、贵州、云南西北部至东南部。生于海拔100～3300m林中或林缘树上，或溪谷旁透光的岩石上或岩壁上。

【繁殖】分株。

【应用】为常见栽培的兰属植物，抗性强，较耐寒，可附树、附石栽培于园路边，也适合盆栽用于室内的厅堂、窗台等处摆放观赏。

碧玉兰 *Cymbidium lowianum*
兰科兰属

【识别要点】附生植物。假鳞茎狭椭圆形，略压扁，包藏于叶基之内。叶5～7枚，带形，先端短渐尖或近急尖。花葶从假鳞茎基部穿鞘而出，总状花序具10～20朵或更多的花；花大，无香气；萼片和花瓣苹果绿色或黄绿色，有红褐色纵脉，唇瓣淡黄色，中裂片上有深红色的锚形斑（或V形斑及1条中线）。果实为蒴果。

【花果期】花期4～5月。

【产地】云南。生于海拔1 300～1 900m林中树上或溪谷旁岩壁上，缅甸和泰国也有。

【繁殖】分株。

【应用】花大美丽，为著名观赏兰花，是很多大花蕙兰的母本之一，可附生于树干或盆栽观赏。

硬叶兰 *Cymbidium mannii*
兰科兰属

【识别要点】附生植物。假鳞茎狭卵球形，稍压扁，包藏于叶基之内。叶（4～）5～7枚，带形，厚革质，先端为不等的2圆裂或2尖裂，有时微缺。花葶从假鳞茎基部穿鞘而出，下垂或下弯，总状花序通常具10～20朵花；萼片与花瓣淡黄色至奶油黄色，中央有1条宽阔的栗褐色纵带，唇瓣白色至奶油黄色，有栗褐色斑。蒴果近椭圆形。

【花果期】花期3～4月。

【产地】广东、海南、广西、贵州和云南西南部至南部。生于林中或灌木林中的树上，海拔可上升到1 600m。尼泊尔、不丹、印度、缅甸、越南、老挝、柬埔寨、泰国也有。

【繁殖】分株。

【应用】花序长，观赏性好，可用于公园、庭院、风景区等附于树干、廊柱上栽培观赏，也可盆栽。

密花石豆兰 *Bulbophyllum odoratissimum*
兰科石豆兰属

【识别要点】多年生附生草本。分枝，每相距4～8cm处生1个假鳞茎。顶生1枚叶，幼时在基部被3～4枚鞘。叶革质，长圆形，先端钝且稍凹入，基部收窄，近无柄。花葶淡黄绿色，1～2个；总状花序缩短呈伞状，常下垂，密生10余朵花；花稍有香气，初时萼片和花瓣白色，以后萼片和花瓣的中部以上转变为橘黄色；萼片离生，质地较厚，披针形；花瓣质地较薄，白色，近卵形或椭圆形。果实为蒴果。

【花果期】花期4～8月。

【产地】福建、广东、香港、广西、四川、云南、西藏。生于海拔200～2300m的混交林中树干上或山谷岩石上。东南亚也有。

【繁殖】分株。

【应用】花洁白，开花繁密，适合庭园附于树干、稍庇荫的山石上种植观赏，常与其他附生兰花配植，营造兰花景观。

等萼石豆兰

Bulbophyllum violaceolabellum
等萼卷瓣兰
兰科石豆兰属

【识别要点】根状茎粗壮，匍匐生根；假鳞茎在根状茎上彼此距离4～9cm，卵形。叶片稍肉质或革质，长圆形至倒卵状长圆形，先端钝，基部收窄为柄。总状花序缩短呈伞状，常具3～5朵花；花开展，萼片和花瓣黄色，具紫色斑点；中萼片宽卵形，侧萼片离生，卵状三角形；花瓣卵状披针形，先端具芒尖，唇瓣紫丁香色，肉质，舌形。果实为蒴果。

【花果期】花期4月。
【产地】云南。生于海拔约700m的石灰山疏林中树干上。老挝也有。
【繁殖】播种、分株。

【应用】花小，极为精致，可附树栽培用于庭园美化，也可盆栽。

短棒石斛

Dendrobium capillipes

丝梗石斛

兰科石斛属

草本花卉

【识别要点】茎肉质状，近扁的纺锤形，不分枝，具多数钝的纵条棱和少数节间。叶2～4枚近茎端着生，革质，狭长圆形，先端稍急钝并且具斜凹缺，基部扩大为抱茎的鞘。总状花序通常从落了叶的老茎中部发出，疏生2至数朵花；花金黄色，开展；中萼片卵状披针形，侧萼片与中萼片近等大；花瓣卵状椭圆形，唇瓣的颜色比萼片和花瓣深，近肾形。果实为蒴果。

【花果期】花期3～5月。

【产地】云南。生于海拔900～1 450m的常绿阔叶林内树干上。印度东北部、缅甸、泰国、老挝、越南也有。

【繁殖】扦插、分株。

【应用】茎奇特，花美丽，适合附于树干及桫椤板上栽培观赏。

翅萼石斛
Dendrobium cariniferum
兰科石斛属

【识别要点】茎肉质状粗厚，圆柱形或有时膨大呈纺锤形，不分枝，具6个以上的节。叶革质，数枚，二列，长圆形或舌状长圆形，先端钝并且稍不等侧2裂，基部下延为抱茎的鞘。总状花序出自近茎端，常具1～2朵花；花开展，质地厚，具橘子香气；中萼片浅黄白色，侧萼片浅黄白色，花瓣白色，唇瓣喇叭状，3裂。蒴果卵球形。

【花果期】花期3～4月。

【产地】云南。生于海拔1 100～1 700m的山地林中树干上。印度东北部、缅甸、泰国、老挝、越南也有。

【繁殖】扦插、分株。

【应用】开花多，易栽培，可用于庭园美化，适合附着于树干、庇荫的廊柱栽培观赏，也可盆栽。

喉红石斛

Dendrobium christyanum
红喉石斛兰
兰科石斛属

草本花卉

【识别要点】茎直立或斜立，粗短，纺锤形或短棒状，具许多波状纵条棱和2～5节。叶2～4枚，近顶生，革质，舌形、卵状披针形或长圆形，先端钝并且不等侧2裂。总状花序顶生或近茎的顶端发出，具1～3朵花；唇瓣的中裂片不下弯，花的颜色除唇盘中部黄色和两侧裂片的中央橘红色外，均为白色。果实为蒴果。

【花果期】花期4～6月。
【产地】我国云南及泰国。
【繁殖】扦插、分株。

【应用】花美丽，观赏性佳，适合庭园种植，多附树栽植或盆栽欣赏。

鼓槌石斛

Dendrobium chrysotoxum

金弓石斛
兰科石斛属

【识别要点】茎直立，肉质，纺锤形，具多数圆钝的条棱，干后金黄色，近顶端具2～5枚叶。叶革质，长圆形，先端急尖而钩转，基部收狭，但不下延为抱茎的鞘。总状花序自近茎顶端发出，斜出或稍下垂，长达20cm；花序轴疏生多数花；花质地厚，金黄色，稍带香气；中萼片长圆形，萼囊近球形，花瓣倒卵形。果实为蒴果。

【花果期】花期春季。

【产地】云南。生于海拔520～1 620m阳光充足的常绿阔叶林中树干上或疏林下的岩石上。东南亚也有。

【繁殖】扦插、分株。

【应用】易栽培，耐热、抗性强，喜光照，也耐荫蔽，春季繁花满枝，极为美丽，可附着于桫椤板、树干、山石上或植于屋脊及枯树上观赏。

玫瑰石斛 *Dendrobium crepidatum*
兰科石斛属

【识别要点】茎悬垂，肉质状肥厚，青绿色，圆柱形，基部稍收狭，不分枝。叶近革质，狭披针形，先端渐尖，基部具抱茎的膜质鞘。总状花序很短，从落了叶的老茎上部发出，具1～4朵花；花质地厚，开展；萼片和花瓣白色，中上部淡紫色；中萼片近椭圆形，侧萼片卵状长圆形；花瓣宽倒卵形，唇瓣中部以上淡紫红色，中部以下金黄色。果实为蒴果。

【花果期】花期3～4月。

【产地】云南、贵州。生于海拔1 000～1 800m的山地疏林中树干上或山谷岩石上。印度、尼泊尔、不丹、缅甸、泰国、老挝、越南也有。

【繁殖】扦插、分株。

【应用】花量大，极美丽，且具芳香，为常见栽培的观赏兰花，除盆栽外，可附树栽培观赏。

密花石斛 *Dendrobium densiflorum*
兰科石斛属

【识别要点】茎粗壮，通常棒状或纺锤形，下部常收狭为细圆柱形，不分枝，具数个节和4条纵棱。叶常3～4枚，近顶生，革质，长圆状披针形，先端急尖，基部不下延为抱茎的鞘。总状花序从1年生或2年生具叶的茎上端发出，下垂，密生许多花；花开展，萼片和花瓣淡黄色；唇瓣金黄色，圆状菱形。果实为蒴果。

【花果期】花期4～5月。

【产地】广东、海南、广西、西藏。生于海拔420～1000m的常绿阔叶林中树干上或山谷岩石上。尼泊尔、不丹、印度东北部、缅甸、泰国也有。

【繁殖】扦插、分株。

【应用】花金色明艳，极美丽，常盆栽用于阳台、窗台或用于庭院装饰，也适合附着于树干上栽培观赏。

流苏石斛 *Dendrobium fimbriatum*
兰科石斛属

【识别要点】茎粗壮，斜立或下垂，质地硬，圆柱形或有时基部上方稍呈纺锤形，不分枝，具多数节。叶二列，革质，长圆形或长圆状披针形，先端急尖，有时稍2裂。总状花序长5～15cm，疏生6～12朵花；花金黄色，质地薄，开展，稍具香气；唇瓣比萼片和花瓣的颜色深，边缘具复流苏，唇盘具1个新月形横生的深紫色斑块。果实为蒴果。

【花果期】花期4～6月。

【产地】广西、贵州、云南。生于海拔600～1700m密林中树干上或山谷阴湿岩石上。印度、尼泊尔、不丹、缅甸、泰国、越南也有。

【繁殖】扦插、分株。

【应用】花大，色泽艳丽，为优良观花植物，除盆栽外可附于树干、山石栽培。

滇桂石斛 *Dendrobium guangxiense*
兰科石斛属

【识别要点】茎圆柱形，近直立，不分枝，具多数节。叶通常数枚，二列，互生于茎的上部，近革质，长圆状披针形，先端钝并且稍不等侧2裂。总状花序出自落了叶或带叶的老茎上部，具1～3朵花；花开展，萼片淡黄白色或白色，近基部稍带黄绿色；唇瓣白色或淡黄色。果实为蒴果。

【花果期】花期4～5月。
【产地】广西、贵州、云南。生于海拔约1 200m的石灰山岩石上或树干上。
【繁殖】扦插、分株。

【应用】花小，有一定观赏性，可用于庭园树干绿化，也可盆栽观赏。

苏瓣石斛 *Dendrobium harveyanum*
兰科石斛属

【识别要点】茎纺锤形，质地硬，通常弧形弯曲，不分枝，具3～9节。叶革质，斜立，常2～3枚互生于茎的上部，长圆形或狭卵状长圆形，先端急尖。总状花序出自1年生具叶的近茎端，下垂，疏生少数花；花金黄色，唇瓣近圆形，边缘具复式流苏，唇盘密布短茸毛。果实为蒴果。

【花果期】花期3～4月。

【产地】云南。生于海拔1 100～1 700m的疏林中树干上。缅甸、泰国、越南也有。

【繁殖】扦插、分株。

【应用】花美丽，可盆栽观赏或用于庭园树干绿化。

岭南春季花木

春石斛兰

Dendrobium hybrida（Nobile type）
春石斛
兰科石斛属

【识别要点】附生草本。茎丛生，直立，圆柱形，不分枝，具多数节，节间膨大，肉质。叶互生，扁平，先端不裂或2浅裂，基部有关节，通常具抱茎的鞘。节生花类型，总状花序，斜出，生于茎的中部以上节上，具多数花；花较大，通常开展；萼片近相似，离生；花瓣比萼片狭或宽；唇瓣着生于蕊柱足末端，3裂或不裂。果实为蒴果。

【花果期】花期大多为春季，有部分为冬季开花。
【产地】栽培种。
【繁殖】扦插。

【应用】本类花色艳丽繁茂，为著名的栽培兰花种类，可用于附树、附石栽培观赏，也常盆栽置于居室的窗台、案几上欣赏。可通过高山（800m海拔以上）或低温（9月夜间温度11～13℃）诱导其在春季开花。

小黄花石斛 *Dendrobium jenkinsii*
兰科石斛属

【识别要点】茎假鳞茎状，密集或丛生，多少两侧压扁状，纺锤形或卵状长圆形，具4条棱和2～5个节。茎顶生1枚叶，叶革质，长圆形，先端钝且微凹，基部收狭，但不下延为鞘，边缘多少波状。总状花序短于或约等长于茎，具花1～3朵，唇瓣整个上面密被短柔毛。果实为蒴果。

【花果期】花期4～5月。

【产地】云南。常生于海拔700～1 300m的疏林中树干上。不丹、印度东北部、缅甸、泰国、老挝也有。

【繁殖】扦插、分株。

【应用】花密集，极具观赏性，适合附着于稍庇荫的树干、山石上栽培观赏，也可用桫椤板板植悬于阳台、廊架等处观赏。

聚石斛 *Dendrobium lindleyi*
兰科石斛属

【识别要点】茎假鳞茎状，密集或丛生，多少两侧压扁状，纺锤形或卵状长圆形，长1～5cm，顶生1枚叶，具4条棱和2～5个节。叶革质，长圆形，长3～8cm，先端钝且微凹，基部收狭，但不下延为鞘。总状花序从茎上端发出，远比茎长，疏生数朵至10余朵花；花橘黄色，开展，薄纸质。果实为蒴果。

【花果期】花期4～5月。

【产地】广东、香港、海南、广西、贵州。喜生于海拔1000m、阳光充裕的疏林中树干上。不丹、印度、缅甸、泰国、老挝、越南也有。

【繁殖】扦插、分株。

【应用】株型小巧，花繁密，金黄艳丽，极适合公园、庭院、校园等附于树干上营造兰花景观，也可盆栽观赏。

美花石斛

Dendrobium loddigesii
粉花石斛
兰科石斛属

【识别要点】茎柔弱，常下垂，细圆柱形，有时分枝，具多节，节间长。叶纸质，二列，互生于整个茎上，舌形、长圆状披针形或稍斜长圆形，先端锐尖而稍钩转，基部具鞘。花白色或紫红色，每束1～2朵侧生于具叶的老茎上部；萼囊近球形；花瓣椭圆形，与中萼片等长，先端稍钝，全缘；唇瓣近圆形，上面中央金黄色，周边淡紫红色，稍凹的，边缘具短流苏。果实为蒴果。

【花果期】花期4～5月。

【产地】广西、广东、海南、贵州、云南。生于海拔400～1 500m的山地林中树干上或林下岩石上。老挝、越南也有。

【繁殖】分株、扦插。

【应用】叶纤细，花繁盛，极美丽，为附生兰科植物，可用于附石、附树栽培观赏。

细茎石斛

Dendrobium moniliforme
铜皮石斛
兰科石斛属

【识别要点】茎直立，细圆柱形，具多节。叶数枚，二列，常互生于茎的中部以上，披针形或长圆形，先端钝并且稍不等侧2裂。总状花序2至数个，通常具1～3花；花黄绿色、白色或白色带淡紫红色，有时芳香；唇瓣白色、淡黄绿色或绿白色，带淡褐色或紫红色至浅黄色斑块。果实为蒴果。

【花果期】花期通常3～5月。

【产地】陕西、甘肃、安徽、浙江、江西、福建、台湾、河南、湖南、广东、广西、贵州、四川、云南。生于海拔590～3000m的阔叶林中树干上或山谷岩壁上。印度东北部、朝鲜半岛南部、日本也有。

【繁殖】扦插、分株。

【应用】性强健，易栽培，除盆栽外，也可附石或附树栽培观赏。

杓唇石斛 *Dendrobium moschatum*
兰科石斛属

【识别要点】茎粗壮，质地较硬，直立，圆柱形，不分枝，具多节。叶革质，二列，互生于茎的上部，长圆形至卵状披针形，先端渐尖或不等侧2裂。总状花序出自1年生具叶或落了叶的茎近端，下垂，疏生数至10余朵花；花深黄色，白天开放，晚间闭合，质地薄；萼囊圆锥形；唇瓣圆形，边缘内卷而形成杓状。果实为蒴果。

【花果期】花期4～6月。

【产地】云南。生于海拔达1 300m的疏林中树干上。分布于从印度西北部经尼泊尔、不丹、印度东北部到缅甸、泰国、老挝、越南。

【繁殖】扦插、分株。

【应用】株型高大，花奇特美丽，多用大盆栽培观赏，可用于庭园、阳台、天台等摆放装饰，也可附于大树种植。

石斛

Dendrobium nobile
金钗石斛、扁金钗、扁黄草、扁草
兰科石斛属

【识别要点】茎直立，肉质状肥厚，稍扁的圆柱形，上部多有回折状弯曲，基部明显收狭，不分枝，具多节，节有时稍肿大。叶革质，长圆形，先端钝并且不等侧2裂，基部具抱茎的鞘。总状花序从具叶或落了叶的老茎中部以上部分发出，具1～4朵花；花大，白色带淡紫色先端，有时全体淡紫红色或除唇盘上具1个紫红色斑块外，其余均为白色；花瓣多少斜宽卵形；唇瓣宽卵形，基部两侧具紫红色条纹并且收狭为短爪，唇盘中央具1个紫红色大斑块。果实为蒴果。

【花果期】花期4～5月。

【产地】台湾、湖北、香港、海南、广西、四川、贵州、云南、西藏等地。生于海拔480～1700m的山地林中树干上或山谷岩石上。东南亚也有。

【繁殖】分株、扦插。

【应用】花繁密，美丽，开花性极好，适合盆栽用于阳台、窗台及卧室等装饰，也可用于园林树木附生栽培，与其他兰科植物配植营造兰花景观。

铁皮石斛

Dendrobium officinale
黑节草
兰科石斛属

【识别要点】茎直立，圆柱形，不分枝，具多节。常在茎中部以上互生3～5枚叶。叶二列，纸质，长圆状披针形，先端钝并且多少钩转。总状花序常从落了叶的老茎上部发出，具2～3朵花，花序轴回折状弯曲；萼片和花瓣黄绿色，近相似，长圆状披针形；唇瓣白色，基部具1个绿色或黄色的胼胝体。果实为蒴果。

【花果期】花期3～6月。

【产地】安徽、浙江、福建、广西、四川、云南。生于海拔达1600m的山地半阴湿的岩石上。

【繁殖】分株、扦插。

【应用】著名的药用兰花之一。株型小巧，花小，有一定观赏价值，可附石、附树栽培或盆栽，观赏、食用、药用三者兼得。

肿节石斛 *Dendrobium pendulum*
兰科石斛属

【识别要点】茎斜立或下垂，肉质状肥厚，圆柱形，不分枝，具多节。叶纸质，长圆形，先端急尖，基部具抱茎的鞘。总状花序通常出自落了叶的老茎上部，具1～3朵花；花大、白色，上部紫红色，开展，具香气，唇瓣白色，中部以下金黄色，上部紫红色。果实为蒴果。

【花果期】花期3～4月。

【产地】云南。生于海拔1050～1600m的山地疏林中树干上。印度东北部、缅甸、泰国、越南、老挝也有。

【繁殖】扦插、分株。

【应用】茎节奇特，花美丽，均具有较高的观赏性，可附树、附石栽培，也可盆栽用于室内装饰。

翅梗石斛 *Dendrobium trigonopus*
兰科石斛属

【识别要点】茎丛生，肉质状粗厚，呈纺锤形或有时棒状，不分枝，具3～5节。叶厚革质，3～4枚近顶生，长圆形，先端锐尖，基部具抱茎的短鞘，在背面的脉上被稀疏的黑色粗毛。总状花序出自具叶的茎中部或近顶端，常具2朵花；花下垂，不甚开展，质地厚，除唇盘稍带浅绿色外，均为蜡黄色；唇瓣直立，与蕊柱近平行。果实为蒴果。

【花果期】花期3～4月。

【产地】云南。生于海拔1 150～1 600m的山地林中树干上。缅甸、泰国、老挝也有。

【繁殖】扦插、分株。

【应用】易开花，栽培易，多盆栽用于居室装饰，也可附树栽培。

岭南春季花木

球花石斛 *Dendrobium thyrsiflorum*
兰科石斛属

【识别要点】茎直立或斜立，圆柱形，粗壮，基部收狭为细圆柱形，不分枝，具数节。叶3～4枚互生于茎的上端，革质，长圆形或长圆状披针形，先端急尖，基部不下延为抱茎的鞘。总状花序侧生于带有叶的老茎上端，下垂，密生许多花；花开展，质地薄，萼片和花瓣白色；花瓣近圆形，唇瓣金黄色。果实为蒴果。

【花果期】花期4～5月。

【产地】云南。生于海拔1 100～1 800m的山地林中树干上。印度东北部、缅甸、泰国、老挝、越南也有。

【繁殖】扦插、分株。

【应用】花繁密，是石斛中最具观赏性的种类之一，常附着于大树、廊柱上栽培，也可盆栽用于室内绿化。

大苞鞘石斛

Dendrobium wardianum
腾冲石斛
兰科石斛属

【识别要点】茎斜立或下垂，肉质状肥厚，圆柱形，不分枝，具多节。叶薄革质，二列，先端急尖，基部具鞘。总状花序从落了叶的老茎中部以上部分发出，具1～3朵花；花大、开展，白色带紫色先端；唇瓣白色带紫色先端，宽卵形。果实为蒴果。

【花果期】花期3～5月。

【产地】云南。生于海拔1 350～1 900m的山地疏林中树干上。不丹、印度东北部、缅甸、泰国、越南也有。

【繁殖】扦插、分株。

【应用】为著名观赏兰花，各地常见栽培，可盆栽用于居室、办公室等装饰，也常用于公园、庭院的树干上附生栽培。

黑毛石斛 *Dendrobium williamsonii*
兰科石斛属

【识别要点】茎圆柱形，有时肿大呈纺锤形，不分枝，具数节。叶数枚，通常互生于茎的上部，革质，长圆形，先端钝并且不等侧2裂。总状花序出自具叶的茎端，具1～2朵花；花开展，萼片和花瓣淡黄色或白色，相似，近等大；唇瓣淡黄色或白色，带橘红色的唇盘。果实为蒴果。

【花果期】花期4～5月。

【产地】海南、广西、云南。生于海拔约1 000 m的林中树干上。印度东北部、缅甸、越南也有。

【繁殖】扦插、分株。

【应用】花大美丽，既可盆栽用于室内观赏，也可附于树干栽培观赏。

树兰 *Epidendrum hybrid*
兰科树兰属

【识别要点】附生兰，茎细长，具气生根，株高约40cm。叶着生于茎节上，互生，矩圆状披针形，先端尖，无叶柄，基部抱茎。花序顶生，呈伞状，着花数朵至数十朵；花瓣及萼片红色、黄色、橘色等。果实为蒴果。

【花果期】盛花期春季。
【产地】栽培种。
【繁殖】扦插、分株。

【应用】易栽培，开花量大，花期长，可附于树干、山石上栽培，也可植于疏林下、稍庇荫的园路边栽培观赏。

岭南春季花木

钳唇兰

Erythrodes blumei
小唇兰
兰科钳唇兰属

【识别要点】植株高18～60cm。茎直立，圆柱形，绿色，下部具3～6枚叶。叶片卵形、椭圆形或卵状披针形，有时稍歪斜，先端急尖，基部宽楔形或钝圆，上面暗绿色，背面淡绿色。总状花序顶生，具多数密生的花，花较小，萼片带红褐色或褐绿色，花瓣倒披针形，与萼片同色，唇瓣基部具距，前部3裂。果实为蒴果。

【花果期】花期4～5月。

【产地】台湾、广东、广西、云南。生于海拔400～1500m的山坡或沟谷常绿阔叶林下阴处。斯里兰卡、印度东北部、缅甸北部、越南、泰国也有。

【繁殖】分株、播种。

【应用】花小，有一定观赏价值，耐热、耐瘠，易栽培，可用于公园、花园、绿地等林下阴湿处栽培。

252

美冠兰

Eulophia graminea
秀雅美冠兰
兰科美冠兰属

【识别要点】假鳞茎卵球形、圆锥形、长圆形或近球形，直立，常带绿色，多少露出地面，上部有数节。叶3～5枚，在花全部凋萎后出现，线形或线状披针形，先端渐尖，基部收狭成柄，叶柄套叠而成短的假茎。花葶从假鳞茎一侧节上发出，高43～65cm或更高，总状花序直立，疏生多数花；花橄榄绿色，唇瓣白色而具淡紫红色褶片。蒴果下垂，椭圆形。

【花果期】花期4～5月；果期5～6月。

【产地】安徽、台湾、广东、香港、海南、广西、贵州和云南。生于海拔900～1 200m疏林中草地上、山坡阳处、海边沙滩林中。尼泊尔、印度、斯里兰卡、越南、老挝、缅甸、泰国、马来西亚、新加坡、印度尼西亚和日本琉球群岛也有。

【繁殖】分株。

【应用】野性强，易栽培，为南方草坪常见杂草之一，可引种于园路边、山石边或墙垣边栽培观赏。

高斑叶兰

Goodyera procera
穗花斑叶兰
兰科斑叶兰属

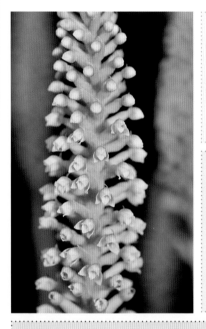

【识别要点】植株高22～80cm。茎直立，具6～8枚叶。叶片长圆形或狭椭圆形，上面绿色，背面淡绿色，先端渐尖，基部渐狭，具柄。总状花序具多数密生的小花，似穗状；花小，白色带淡绿，芳香；花瓣匙形，白色；唇瓣宽卵形。果实为蒴果。

【花果期】花期4～5月。

【产地】安徽、浙江、福建、台湾、广东、香港、海南、广西、四川西部至南部、贵州、云南、西藏东南部。生于海拔250～1 550m的林下。尼泊尔、印度、斯里兰卡、缅甸、越南、老挝、泰国、柬埔寨、印度尼西亚、菲律宾、日本也有。

【繁殖】分株。

【应用】性强健，耐热性好，适合公园、绿地、庭院等疏林下栽培欣赏或盆栽用于室内装饰。

腋唇兰

Maxillaria tenuifolia
细叶颚唇兰
兰科腋唇兰属

【识别要点】多年生常绿草本，具假鳞茎。叶线形，从鳞茎顶上抽生而出，柔软，弯垂。花梗从球茎基部抽出；萼片大，上面暗红色，背面绿色；花瓣略小，不甚开张，与萼片同色；唇瓣大，黄白色，带紫色斑点，具奶香。果实为蒴果。

【花果期】花期春末至初夏。
【产地】中南美洲。
【繁殖】分株。

【应用】叶形优雅，鳞茎具光泽，花美丽芳香，适合盆栽用于阳台、窗台、卧室及客厅栽培欣赏，也可附树栽培观赏。

风兰 *Neofinetia falcata*
兰科风兰属

【识别要点】植株高8～10cm。茎稍扁，被叶鞘所包。叶厚革质，狭长圆状镰刀形，先端近锐尖，基部具彼此套叠的V形鞘。总状花序长约1cm，具2～3（～5）朵花；花白色，芳香；中萼片近倒卵形，侧萼片向前叉开，与中萼片相似而等大；花瓣倒披针形或近匙形；唇瓣肉质，3裂。果实为蒴果。

【花果期】花期4月。

【产地】甘肃、浙江、江西、福建、湖北、四川。生于海拔1 520m的山地林中树干上。日本、朝鲜半岛南部也有。

【繁殖】分株。

【应用】植株小巧，花洁白美丽，为优良的观花植物，适合盆栽及附树栽培观赏。

带叶兜兰 *Paphiopedilum hirsutissimum*
兰科兜兰属

【识别要点】地生或半附生植物。叶基生，二列，5～6枚；叶片带形，革质，先端急尖并常有2小齿，上面深绿色，背面淡绿色并稍有紫色斑点。花葶直立，长20～30cm；花较大，中萼片和合萼片除边缘淡绿黄色外，中央至基部有浓密的紫褐色斑点或甚至连成一片；花瓣下半部黄绿色而有浓密的紫褐色斑点，上半部玫瑰紫色并有白色晕；唇瓣淡绿黄色而有紫褐色小斑点。果实为蒴果。

【花果期】花期4～5月。

【产地】广西、贵州和云南。生于海拔700～1 500m的林下或林缘岩石缝中或多石湿润土壤上。印度东北部、越南、老挝和泰国也有。

【繁殖】分株。

【应用】是较易栽培的兜兰之一，除盆栽外，可用于庇荫的树下、庭院栽培观赏。

硬叶兜兰 *Paphiopedilum micranthum*
兰科兜兰属

【识别要点】地生或半附生植物，地下具细长而横走的根状茎。叶基生，二列，4～5枚；叶片长圆形或舌状，坚革质，先端钝，上面有深浅绿色相间的网格斑，背面有密集的紫斑点并具龙骨状突起。花葶直立，紫红色而有深色斑点，顶端具1花；花大、艳丽，中萼片与花瓣通常白色而有黄色晕和淡紫红色粗脉纹，唇瓣白色至淡粉红色，中萼片卵形或宽卵形，合萼片卵形或宽卵形，花瓣宽卵形、宽椭圆形或近圆形，唇瓣深囊状。

【花果期】花期3～5月。

【产地】广西、贵州和云南。生于海拔1 000～1 700m的石灰岩山坡草丛中或石壁缝隙或积土处。越南也有。

【繁殖】分株。

【应用】花紫红色，极为美丽，与杏黄兜兰并称为"金童玉女"，多盆栽用于室内观赏，可用于林下种植。

鹤顶兰 *Phaius tankervilliae*
兰科鹤顶兰属

【识别要点】植株高大。假鳞茎圆锥形，被鞘。叶2～6枚，互生于假鳞茎的上部，长圆状披针形，先端渐尖，基部收狭为长达20cm的柄，两面无毛。花葶从假鳞茎基部或叶腋发出，直立，圆柱形，长达1m；总状花序具多数花，花苞片大；花大，美丽，背面白色，内面暗赭色或棕色，萼片近相似；花瓣长圆形，与萼片等长而稍狭。

【花果期】花期3～6月。

【产地】台湾、福建、广东、香港、海南、广西、云南和西藏东南部。生于海拔700～1800m的林缘、沟谷或溪边阴湿处。广布于亚洲热带和亚热带地区以及大洋洲。

【繁殖】分株、播种。

【应用】为著名的地生兰，花葶高大，花美丽，岭南地区常见栽培，适应性强，花期长，具芳香，园林中可用于林下稍庇荫处成片种植观赏。

版纳蝴蝶兰 *Phalaenopsis mannii*
兰科蝴蝶兰属

【识别要点】茎粗厚，具数个节，从节上发出许多长而弯曲并且稍扁的根。上部通常具4～5枚叶，长圆状倒披针形或近长圆形，先端锐尖，基部楔形收狭并且具1个关节和鞘。花序1～2个，侧生于茎，常斜出或下垂；花开展，质地厚，萼片和花瓣橘红色带紫褐色横纹斑块；花瓣近长圆形，先端锐尖，唇瓣白色。果实为蒴果。

【花果期】花期3～4月。

【产地】云南。生于海拔1 350m的常绿阔叶林中树干上。尼泊尔、印度、缅甸、越南也有。

【繁殖】播种、分株。

【应用】花极美丽，在民间栽培较多，适合附于庭园的树干栽培观赏，也可用杪椤板栽培用于室内美化。

华西蝴蝶兰

Phalaenopsis wilsonii
小蝶兰、楚雄蝶兰
兰科蝴蝶兰属

【识别要点】气生根发达，簇生，长而弯曲，表面密生疣状突起。茎短，通常具4～5枚叶。叶稍肉质，两面绿色或幼时背面紫红色，长圆形或近椭圆形，先端钝并且一侧稍钩转，基部稍收狭并且扩大为抱茎的鞘。在旱季常落叶，花时无叶或具1～2枚存留的小叶。花序从茎的基部发出，常1～2个；花开展，萼片和花瓣白色带淡粉红色的中肋或全体淡粉红色；花瓣匙形或椭圆状倒卵形，唇瓣3裂；侧裂片上半部紫色，下半部黄色。蒴果狭长。

【花果期】花期4～7月；果期8～9月。

【产地】广西、贵州、四川、云南、西藏。生于海拔800～2 150m的山地疏生林中树干上或林下阴湿的岩石上。

【繁殖】播种、分株。

【应用】花小，花期往往无叶，极美丽，适合庭园的树干上附生栽培。

细叶石仙桃 *Pholidota cantonensis*
兰科石仙桃属

【识别要点】假鳞茎狭卵形至卵状长圆形，基部略收狭或幼嫩时为箨状鳞片所包。茎顶端生2叶，叶线形或线状披针形，纸质，先端短渐尖或近急尖，边缘常多少外卷，基部收狭成柄。总状花序通常具10余朵花，花小，白色或淡黄色，中萼片卵状长圆形，侧萼片斜歪卵形，花瓣宽卵状菱形或宽卵形，唇瓣宽椭圆形。蒴果倒卵形。

【花果期】花期4月；果期8～9月。

【产地】浙江、江西、福建、台湾、湖南、广东和广西。生于海拔200～850m林中或荫蔽处的岩石上。

【繁殖】播种、分株。

【应用】花小，有一定观赏价值，可用于庭园荫蔽的山石上附生栽培。

石仙桃 *Pholidota chinensis*
兰科石仙桃属

【识别要点】假鳞茎狭卵状长圆形，大小变化甚大，基部收狭成柄状，在老假鳞茎尤为明显。叶2枚，生于假鳞茎顶端，倒卵状椭圆形、倒披针状椭圆形至近长圆形，先端渐尖、急尖或近短尾状。花葶生于幼嫩假鳞茎顶端，总状花序常多少外弯，具数朵至20余朵花；花白色或带浅黄色，中萼片椭圆形或卵状椭圆形，侧萼片卵状披针形，花瓣披针形；唇瓣轮廓近宽卵形，略3裂。蒴果倒卵状椭圆形。

【花果期】花期4～5月；果期9月至翌年1月。

【产地】浙江南部、福建、广东、海南、广西、贵州、云南和西藏。通常生于海拔1 500m以下林中或林缘树上、岩壁上或岩石上，少数可达2 500m。越南、缅甸也有。

【繁殖】播种、分株。

【应用】极易栽培，开花多，观赏性较高，适合公园、绿地、庭院等附树栽培，也可盆栽观赏。

火焰兰 *Renanthera coccinea*
兰科火焰兰属

【识别要点】茎攀缘，粗壮，质地坚硬，圆柱形，长1m以上。叶二列，斜立或近水平伸展，舌形或长圆形，先端稍不等侧2圆裂，基部抱茎并且下延为抱茎的鞘。花序与叶对生，常3～4个，粗壮而坚硬，圆锥花序或总状花序疏生多数花；花火红色，开展，中萼片狭匙形，侧萼片长圆形；花瓣相似于中萼片而较小，先端近圆形，边缘内侧具橘黄色斑点；唇瓣3裂。果实为蒴果。

【花果期】花期4～6月。

【产地】海南、广西。生于海拔达1 400m的沟边林缘、疏林中树干上和岩石上。缅甸、泰国、老挝、越南也有。

【繁殖】扦插。

【应用】为著名的附生兰，花火红艳丽，盆栽可用于室内装饰，也可附生于树干、山石上造景，也是切花的优良材料。

麒麟火焰兰 *Renanthera `Qi Lin`*
兰科火焰兰属

【识别要点】附生草本。茎长，攀缘，具多节。叶二列、厚革质、扁平、先端不等侧2圆裂，基部抱茎。花序侧生，较长，多少水平伸展，具分枝，总状花序疏生多数花；花中等大或大，橘红色带红色斑点，开展；中萼片和花瓣较狭；侧萼片比中萼片大，边缘波状；唇瓣牢固地贴生于蕊柱基部，远比花瓣和萼片小，3裂。果实为蒴果。

【花果期】花期春季。
【产地】栽培种。
【繁殖】扦插、分株。

【应用】开花性极好，花期长，易栽培，适合庭园附树或盆栽观赏。

盖喉兰 *Smitinandia micrantha*

兰科盖喉兰属

【识别要点】茎近直立，扁圆柱形，稍回折状。叶稍肉质，狭长圆形，先端钝并且不等侧2裂，基部稍收狭并且具1个关节。总状花序1～2个，与叶对生；花开展，萼片和花瓣白色带紫红色先端；花瓣狭长圆形，唇瓣3裂。果实为蒴果。

【花果期】花期4月。

【产地】云南。生于海拔约600m的山地林中树干上。从热带喜马拉雅经印度东北部、缅甸、泰国、越南、老挝、柬埔寨到马来西亚均有分布。

【繁殖】分株。

【应用】花小，有一定观赏价值，多附树栽培观赏，也可盆栽用于阳台、居室装饰。

坚唇兰

Stereochilus dalatensis
固唇兰
兰科坚唇兰属

【识别要点】茎高10cm。叶二列，暗绿色，通常具紫色斑点，长椭圆形，有明显的 V 形横截面，肉质，先端圆形。花序腋生，生于茎上部，萼片和花瓣白色至淡紫色，唇瓣淡紫色。果实为蒴果。

【花果期】花期春季。
【产地】云南。泰国、越南也有。
【繁殖】分株。

【应用】花小，极美丽，叶也具有较高观赏价值，可用桫椤板种植或附树栽培观赏。

红花酢浆草

Oxalis corymbosa
大酸味草
酢浆草科酢浆草属

【识别要点】多年生直立草本。无地上茎，地下部分有球状鳞茎。叶基生；小叶3，扁圆状倒心形，顶端凹入，两侧角圆形，基部宽楔形，表面绿色，背面浅绿色。总花梗基生，二歧聚伞花序，通常排列成伞形花序式；萼片5，披针形；花瓣5，倒心形，淡紫色至紫红色，基部颜色较深。果实为蒴果。

【花果期】3～12月。
【产地】原产南美热带地区。我国南方各地已逸为野生，生于低海拔的山地、路旁、荒地或水田中。
【繁殖】分株。

【应用】性强健，花美丽，适应性强，适应公园、庭院等处的花坛、路边、林下或水岸边作地被栽培观赏；但本种有一定的入侵性，栽种后很难清除。

紫叶酢浆草 *Oxalis triangularis*
酢浆草科酢浆草属

【识别要点】多年生宿根草本植物，株高15～30cm。叶簇生于地下鳞茎上，3出掌状复叶，小叶呈三角形，初生时为玫瑰红色，成熟时紫红色。伞形花序，花白色至浅粉色。果实为蒴果。

【花果期】花期4～12月。
【产地】原产巴西。我国广泛栽培。
【繁殖】分株、鳞片扦插。

【应用】叶形奇特美丽，常作彩叶植物栽培，可用于庭院、园林、校园等的草地边缘、山石边、花坛或作地被植物。

269

虎耳草

Saxifraga stolonifera
金线吊芙蓉
虎耳草科虎耳草属

【识别要点】多年生草本，茎被长腺毛。基生叶具长柄，叶片近心形、肾形至扁圆形，先端钝或急尖，基部近截形、圆形至心形，（5～）7～11浅裂（有时不明显）。聚伞花序圆锥状，花两侧对称；萼片在花期开展至反曲，卵形；花瓣白色，中上部具紫红色斑点，基部具黄色斑点。果实为蒴果。

【花果期】4～11月。

【产地】河北、陕西、甘肃、江苏、安徽、浙江、江西、福建、台湾、河南、湖北、湖南、广东、广西、四川东部、贵州、云南东部和西南部。生于海拔400～4500m的林下、灌丛、草甸和阴湿岩隙。朝鲜、日本也有。

【繁殖】分株及走茎。

【应用】植株小巧，叶形美观，花有一定观赏价值，适合用于庭园的岩石园、墙垣缝隙或盆栽欣赏。

黄时钟花 *Turnera ulmifolia*
时钟花科时钟花属

【识别要点】宿根草本花卉，株高30 ~ 60cm。叶互生，长卵形，先端锐尖，边缘有锯齿，叶基有一对明显腺体。花近枝顶腋生，花冠金黄色，每朵花至午前凋谢。果实为蒴果。

【花果期】花期春夏季；果期夏秋季。
【产地】热带美洲及西印度群岛。
【繁殖】播种、扦插。

【应用】花色金黄，适应性强，适合公园、庭院等路边、花坛、花境栽培观赏，也可盆栽用于室内装饰。

益智 *Alpinia oxyphylla*
姜科山姜属

【识别要点】株高1～3m。茎丛生，根茎短。叶片披针形，顶端渐狭，具尾尖，基部近圆形，边缘具脱落性小刚毛。总状花序；花萼筒状，一侧开裂至中部，先端具3齿裂；花冠裂片长圆形，后方的1枚稍大，白色，外被疏柔毛；侧生退化雄蕊钻状，唇瓣倒卵形，粉白色而具红色脉纹。蒴果鲜时球形，干时纺锤形；种子不规则扁圆形。

【花果期】花期3～5月；果期4～9月。
【产地】广东、海南、广西。野生于荒坡灌丛或疏林中，或栽培。
【繁殖】播种、分株。

【应用】株形美观，花形奇特，为岭南地区常见栽培的药用及观赏植物，常丛植于公园、小区等地的山石边、水边或路边欣赏。

艳山姜 *Alpinia zerumbet*
姜科山姜属

【识别要点】株高2～3m。叶片披针形，顶端渐尖而有一旋卷的小尖头，基部渐狭，边缘具短柔毛，两面均无毛。圆锥花序呈总状花序式，下垂，长达30cm，花序轴分枝极短，在每一分枝上有花1～2（3）朵；小苞片椭圆形白色，顶端粉红色，蕾时包裹住花；花萼近钟形，白色，顶粉红色；花冠管裂片长圆形，后方的1枚乳白色，顶端粉红色；唇瓣匙状宽卵形，黄色而有紫红色纹彩。蒴果卵圆形，熟时朱红色；种子有棱角。

【花果期】花期4～7月；果期7～10月。
【产地】我国东南部至西南部地区。热带亚洲广布。
【繁殖】分株。

【应用】叶形美观，花色艳丽，为常见栽培的观赏植物，多用于路边、池畔、墙垣边或草地一隅栽培观赏。常见栽培的品种有花叶艳山姜（*Alpinia zerumbet* 'Variegata'）。

花叶艳山姜

花叶艳山姜

273

莪术

Curcuma phaeocaulis
山姜黄
姜科姜黄属

【识别要点】株高约1m。根茎圆柱形，肉质，具樟脑般香味。叶直立，椭圆状长圆形至长圆状披针形，中部常有紫斑，无毛。花葶由根茎单独发出，常先叶而生，穗状花序阔椭圆形；苞片卵形至倒卵形，稍开展，顶端钝；花萼白色，顶端3裂；花冠裂片长圆形，黄色，不相等。果实为蒴果。

【花果期】花期春季。

【产地】台湾、福建、江西、广东、广西、四川、云南等地。栽培或野生于林荫下。印度至马来西亚也有。

【繁殖】播种、分株。

【应用】春季新叶与花同发，花极美丽，为优良观花植物，适合丛植于庭院、居民区、公园、林缘观赏。

海南三七

Kaempferia rotunda
海南山柰
姜科山柰属

草本花卉

【识别要点】根茎块状，根粗。先开花，后出叶。叶片长椭圆形，叶面淡绿色，中脉两侧深绿色，叶背紫色；叶柄短，槽状。头状花序有花4～6朵，春季直接自根茎发出；花冠裂片线形，白色，花时平展；侧生退化雄蕊白色；唇瓣蓝紫色，近圆形。蒴果球形或椭圆形，种子近球形。

【花果期】花期4月。
【产地】云南、广西、广东和台湾。生于草地阳处或栽培。
【繁殖】分株。

【应用】花美丽，芳香，适合植于园路边、山石边或墙垣边欣赏，也可盆栽。

水生花卉

荇菜 *Nymphoides peltatum*
荇菜、莲叶荇菜
龙胆科荇菜属

【识别要点】多年生水生草本。茎圆柱形，多分枝，密生褐色斑点，节下生根。上部叶对生，下部叶互生；叶片飘浮，近革质，圆形或卵圆形，基部心形，全缘，有不明显的掌状脉。花常多数，簇生节上，5数；花冠金黄色，分裂至近基部，冠筒短，喉部具5束长柔毛，裂片宽倒卵形。蒴果无柄，椭圆形；种子大，褐色。

【花果期】4～10月。

【产地】全国绝大多数地区。生于海拔60～1 800m的池塘或不甚流动的河溪中。中欧、俄罗斯、蒙古、朝鲜、日本、伊朗、印度也有。

【繁殖】播种。

【应用】性强健，全国各地均可栽培，花金黄，为一美丽的水生植物，适于池塘、水塘或水流较缓的河中种植观赏，也常与其他水生植物配植。

水车前
Ottelia alismoides
龙舌草、水白菜
水鳖科水车前属

【识别要点】沉水草本，具须根。茎短缩。叶基生，膜质；叶片因生境条件的不同而形态各异，多为广卵形、卵状椭圆形、近圆形或心形，常见叶形尚有狭长形、披针形乃至线形，全缘或有细齿。两性花，偶见单性花，即杂性异株；花瓣白色、淡紫色或浅蓝色。种子多数，纺锤形，细小。

【花果期】花期4～10月。
【产地】我国大部分地区。世界广布。
【繁殖】分株、播种。

【应用】小花美丽，为常见栽培的沉水植物，适合公园、绿地等水塘浅水处种植观赏。

岭南春季花木

梭鱼草 *Pontederia cordata*
雨久花科梭鱼草属

【识别要点】多年生挺水草本植物，株高20～80cm。基生叶广卵圆状心形，顶端急尖或渐尖，基部心形，全缘。10余朵花组成总状花序，顶生，花蓝色。果实为蒴果。

【花果期】春至秋。
【产地】原产北美。我国中南部广泛栽培。
【繁殖】分株。

白花梭鱼草

白花梭鱼草

【应用】株形美观，花色雅致，适合公园、风景区及庭园的水体绿化，也可大型盆栽用于阶旁或天台绿化。栽培的变种有白花梭鱼草（*Pontederia cordata* var. *alba*）。

三白草

Saururus chinensis
塘边藕
三白草科三白草属

【识别要点】湿生草本，高约1m。茎粗壮。叶纸质，密生腺点，阔卵形至卵状披针形，顶端短尖或渐尖，基部心形或斜心形；茎顶端的2～3片于花期常为白色，呈花瓣状。花序白色，无毛，但花序轴密被短柔毛；苞片近匙形，上部圆，无毛或有疏缘毛。果实近球形。

【花果期】花期4～6月。
【产地】河北、山东、河南和长江流域及其以南地区。生于低湿沟边、塘边或溪旁。日本、菲律宾至越南也有。
【繁殖】分株。

【应用】苞片美丽，为常见栽培的水生植物，多用于公园、景区或庭院的池边浅水处种植。

岭南春季花木

紫苏草

Limnophila aromatica
双漫草
玄参科石龙尾属

【识别要点】一年生或多年生草本。茎简单至多分枝。叶无柄，对生或3枚轮生，卵状披针形至披针状椭圆形，或披针形，具细齿，基部多少抱茎。花具梗，排列成顶生或腋生的总状花序，或单生叶腋；花冠白色，蓝紫色或粉红色。蒴果卵珠形。

【花果期】3～9月。

【产地】广东、福建、台湾、江西等地。生于旷野、塘边水湿处。日本、南亚、东南亚及澳大利亚也有。

【繁殖】播种。

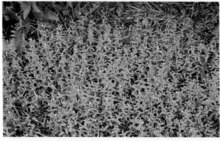

【应用】性强健，易栽培，有一定观赏价值，目前园林中极少应用，适合用于滨水的岸边或浅水处片植观赏。

参考文献

陈菲，徐晔春，徐方圆，等．2004．唐诗花园——跟着唐诗去赏花．北京：农村读物出版社．

段公路．1936．北户录．丛书集成初编本.上海：商务印书馆．

广州市芳村区地方志编辑委员会．1993．岭南第一花乡．广州：花城出版社．

何世经．1998.小榄菊艺的历史和现状．广东园林 (4)：47-48．

李少球．2004.羊城迎春花市的沉浮．广州：花卉研究20年——广东省农业科学院花卉研究所建所20周年论文选集．

梁修．1989．花棣百花诗笺注．梁中民，廖国媚笺注．广州：广东高等教育出版社．

凌远清．2013.明清以来陈村花卉种植的历史变迁．顺德职业技术学院学报，11(1)：86-90．

刘恂．2011.历代岭南笔记八种．鲁迅，杨伟群点校．广州：广东人民出版社．

倪金根．2001.陈村花卉生产历史初探．广东史志 (1)：27-32．

屈大均．1985．广东新语．北京：中华书局．

孙卫明．2009.千年花事．广州：羊城晚报出版社．

徐晔春，朱根发．2012.4 000种观赏植物原色图鉴．长春:吉林科学技术出版社．

中国科学院中国植物志编辑委员会．1979-2004.中国植物志．北京：科学出版社．

周去非．1936．岭外代答．丛书集成初编本．上海：商务印书馆．

周肇基．1995．花城广州及芳村花卉业的历史考察．中国科技史料，16(3)：3-15．

朱根发，徐晔春．2011.名品兰花鉴赏经典．长春:吉林科学技术出版社．

图书在版编目（CIP）数据

岭南春季花木 / 朱根发，徐晔春，操君喜编著. —
北京：中国农业出版社，2014.6
　（四季花城）
　ISBN 978-7-109-18720-7

　Ⅰ.①岭…　Ⅱ.①朱…　②徐…　③操…　Ⅲ.①花卉—
介绍—广东省　Ⅳ.①S68

中国版本图书馆CIP数据核字（2013）第301567号

中国农业出版社出版
（北京市朝阳区麦子店街18号楼）
（邮政编码　100125）
责任编辑　石飞华

中国农业出版社印刷厂印刷　　新华书店北京发行所发行
2014年6月第1版　　2014年6月北京第1次印刷

开本：880mm×1230mm　1/32　　印张：9
字数：380千字
定价：58.00元
（凡本版图书出现印刷、装订错误，请向出版社发行部调换）